三维建模与贴图案例精解

阿　荣　刘雅丽 ▣ 主　编

张天祺 ▣ 副主编

清华大学出版社

北京

内 容 简 介

本书内容涵盖三维建模与贴图的各个环节。首先介绍了 3ds Max 2023 的基本界面和操作流程，以及基本的建模工具和使用方法。然后，通过一系列精心设计的案例，详细讲解了从简单几何体到复杂场景模型的构建过程，包括多边形建模、曲面建模、NURBS 建模等多种建模方式。在贴图制作方面，本书详细介绍了 Substance Painter 的操作界面和工具，通过实例展示了如何为模型制作高质量的贴图，包括材质贴图、法线贴图、高光贴图等，使模型呈现出更加真实、细腻的视觉效果。此外，本书还涉及了 UV 展开、烘焙贴图等关键技术，帮助读者掌握从模型制作到贴图完成的全过程。同时，书中还穿插了大量的实践技巧和经验分享，以帮助读者更好地理解和掌握知识点。

本书适合作为高职高专动漫制作技术、虚拟现实应用技术等专业的教材，也可作为对三维建模与贴图感兴趣的读者自学用书。

图书在版编目（CIP）数据

三维建模与贴图案例精解 / 阿荣，刘雅丽主编 . -- 北京：
清华大学出版社，2025.3. -- ISBN 978-7-302-68594-4

Ⅰ. TP391.414

中国国家版本馆 CIP 数据核字第 2025RA8007 号

责任编辑：郭丽娜
封面设计：曹 来
责任校对：袁 芳
责任印制：曹婉颖

出版发行：清华大学出版社
   网 址：https://www.tup.com.cn，https://www.wqxuetang.com
   地 址：北京清华大学学研大厦 A 座   邮 编：100084
   社 总 机：010-83470000   邮 购：010-62786544
   投稿与读者服务：010-62776969，c-service@tup.tsinghua.edu.cn
   质 量 反 馈：010-62772015，zhiliang@tup.tsinghua.edu.cn
   课 件 下 载：https://www.tup.com.cn，010-83470410
印 装 者：三河市君旺印务有限公司
经 销：全国新华书店
开 本：185mm×260mm   印 张：14.5   字 数：349 千字
版 次：2025 年 4 月第 1 版   印 次：2025 年 4 月第 1 次印刷
定 价：59.00 元

产品编号：105929-01

前　言

在数字化时代，三维建模与贴图技术已成为影视、游戏、虚拟现实等产业中不可或缺的一部分。为了满足高职高专动漫制作技术专业、虚拟现实技术应用"3+2"贯穿培养专业的学生学习需求，我们编写了本书。本书旨在为读者提供一个全面、系统的学习平台，帮助其深入理解并掌握三维建模与贴图的核心技术。在内容编排上，力求做到理论与实践相结合，既注重基础知识的讲解，又强调实际操作技能的培养。

在三维建模方面，我们选择了 3ds Max 这款业界广泛使用的软件作为教学工具。3ds Max 以其强大的功能和灵活的操作方式，为用户提供了丰富的建模方法和创作空间。在本书中，我们通过案例教学的形式，详细介绍 3ds Max 2023 的基本操作、建模技巧以及高级应用，使读者能够在实践中不断提升建模能力。

在贴图制作方面，Substance Painter 作为一款专业的贴图制作软件，以其高效、便捷的特点受到了广泛好评。在本书中，我们深入剖析 Substance Painter 的操作界面和工具功能，并通过实际案例展示如何为模型制作高质量的贴图。还将介绍 UV 展开、烘焙贴图等关键技术，帮助读者全面掌握贴图制作的流程和方法。

为了使读者更好地理解和掌握知识点，我们在书中穿插了大量的实践案例和技巧分享。这些案例既有经典的模型制作实例，也有实用的贴图制作技巧，旨在帮助读者将理论知识与实践操作相结合，提升其实际动手能力。

此外，我们还关注行业的最新动态和发展趋势，将新技术、新工具引入其中，使读者能够在学习过程中不断拓宽视野、更新知识。

本书配套资源有案例相关的素材、源文件、PPT 资源和教学视频等，读者可通过扫描书中二维码获取。

本书的编写汇聚了众多专家和同仁的智慧与力量。刘雅丽负责本书项目 1 和项目 2 的编写，她的专业知识和敬业精神为我们树立了榜样。阿荣负责项目 3～项目 8 的编写，并力求为读者提供全面且深入的解析。此外，项目 7 和项目 8 的案例得到了相关企业人员的大力支持，他们丰富的实践经验使得本书更具生动性。张天祺负责这些案例的文字整理工作，使得这些案例更加易于阅读和理解。

本书为内蒙古电子信息职业技术学院与内蒙古麟动科技有限公司联合开发的教材，在此特别感谢内蒙古麟动科技有限公司的总经理张泽雄和内训经理姚智慧的大力支持。他们提供的企业真实案例及详尽的讲解，实现了理论与实践紧密结合，为读者搭建了从课堂到职场的无缝桥梁，使其能够真正了解企业制作模型的方法和技巧，极大地提升了其专业技能与职业素养，为未来的职业生涯奠定了坚实的基础。

虽然我们力求做到严谨、全面、深入，但受限于个人能力、时间和精力，书中难免存在疏漏和不足之处。我们真诚地欢迎读者提出宝贵的意见和建议，以便我们在今后的工作中不断地改进和提高。同时，我们也深知学海无涯，希望在未来的日子里能够继续与各位同仁携手共进，为学术研究和教育事业做出更大的贡献。

编　者

2025 年 1 月

长剑制作源文件　　战斧制作源文件　　战鼓制作源文件　　角色制作源文件

目　录

项目 1

走进游戏美术的世界

项目导读

    游戏美术在现代游戏开发中扮演着至关重要的角色,它能够为游戏带来视觉上的吸引力和沉浸感,提升玩家的游戏体验。读者可通过本项目了解游戏美术在游戏项目研发过程中的重要性,讨论游戏美术如何通过角色设计、场景设计、特效设计和 UI 设计等来增强游戏的视觉吸引力。

    完成本项目的学习后,读者将在游戏美术领域迈出坚实的第一步,并有助于其继续探索游戏美术的奥秘,拓宽其设计视野,为未来的职业发展奠定坚实的基础。

学习目标

- 了解游戏美术在游戏开发中的重要作用。
- 掌握游戏美术的基本概念和要素。
- 熟悉游戏美术领域的职业路径和技术工具。

职业素养目标

- 培养独特的艺术视角和创意表达能力。
- 学会通过视觉语言清晰有效地传达想法。
- 理解多学科团队中协作和交流的重要性。
- 持续学习新的美术技能和行业趋势。

职业能力要求

- 理解并应用游戏美术设计的基本原则。
- 具备解读游戏概念并将其转化为视觉元素的能力。

- 培养开放的创造性思维，挖掘潜在的设计可能性。
- 运用图形和视觉语言表达独特的设计理念。

项目重难点

项目内容	工作任务	建议学时	技 能 点	重 难 点	重要程度
项目1 走进游戏美术的世界	任务1.1 游戏美术技术的发展	0.5	游戏美术技术的历史演变	理解游戏美术技术的发展趋势，包括图形引擎、渲染技术等的演变	★★★☆☆
				分辨不同游戏平台上美术技术的差异，例如PC和移动设备	★★★☆☆
	任务1.2 游戏美术的职能分工	0.5	游戏美术团队的角色和职责与不同职能之间的协作与沟通	理解不同职能在游戏开发中的关系，包括美术总监、概念设计师、模型师等	★★★☆☆
				学会在协作团队中有效地传达设计理念，促进创造性合作	★★★☆☆
	任务1.3 游戏任务的开发与制作流程	0.5	游戏项目设计从概念到实际产物的整个流程；各阶段的关键决策点和审美要求	掌握游戏项目开发过程中的不同阶段，如概念设计、建模、纹理设计、动画等	★★★★☆
				理解游戏美术工作流程中的时间管理和资源分配的挑战	★★★★☆
	任务1.4 游戏美术的常用软件	0.5	游戏美术设计中的主要软件工具	学会并区分不同设计任务所需的软件，如3ds Max、ZBrush、Substance Painter等	★★★★★
				理解软件之间的互通性和集成性，提高工作效率	★★★★★
	任务1.5 游戏美术行业前景分析	0.5	游戏美术行业的发展趋势，以及不同游戏市场对美术设计需求的变化	分析游戏美术行业的未来趋势，考虑新兴技术和市场需求	★★★☆☆
				深入了解不同游戏平台（PC、主机、移动设备）的市场前景	★★★☆☆

任务 1.1　游戏美术技术的发展

【任务描述】

本任务旨在详细描述游戏美术技术在不同时期的发展历程，包括技术进步、艺术风格的演变和文化元素的融合等。通过本任务的学习，读者能够了解游戏美术的多样化表现，包括像素艺术、卡通风格、写实主义等。

【知识归纳】

游戏美术技术的发展不仅提升了游戏画面的质量和真实感，也为游戏创作带来了更多的可能性和创新空间。随着计算机技术的不断进步，游戏美术技术也经历了多个重要阶段，每个阶段都会有新技术的出现，下面详细介绍游戏美术技术的发展历程。

1. 像素时期

像素时期（20 世纪 70—80 年代）经历了一系列的发展和创新。在早期的游戏中，由于计算机性能和存储空间的限制，游戏画面通常采用简单的像素点来绘制角色、场景和物体，如图 1.1 所示。

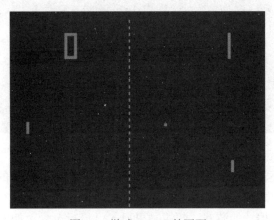

图 1.1　游戏 *PONG* 的画面

随着游戏技术的发展，游戏美术技术开始尝试使用更多的颜色和细节来丰富游戏画面。在这个阶段，游戏美术师需要手工绘制每个像素点，将它们组合成角色和场景。由于像素点的数量有限，游戏画面通常具有一种独特的像素风格，给人一种复古的感觉，如图 1.2 所示。

图 1.2　游戏《坦克大战》的画面

随着计算机技术的进步，游戏美术技术开始引入一些工具来简化像素绘制的过程。其中一种常用的工具是像素编辑器，它可以帮助美术师更方便地绘制、编辑和调整像素。此外，还出现了一些自动化工具，可以根据设计师的指导自动生成像素画面。

在像素时期，游戏美术师们通过创新的设计和技术手法，尽可能地利用有限的像素点来表现丰富的画面。在使用颜色、阴影和纹理等元素来营造游戏世界的氛围和情感的同时，还通过动画和特效来增强角色和物体的表现力，如图 1.3 所示。

图 1.3　游戏《迷雾侦探》的画面

此外，像素时期还涌现了一系列经典游戏作品，它们以其独特的像素风格和精美的画面成为游戏史上的经典之作。这些作品不仅在当时受到了广泛的赞誉和认可，至今仍然受到许多玩家的喜爱和追捧，如游戏《超级马里奥》已流行至今，如图 1.4 所示。

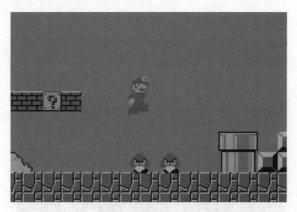

图 1.4　游戏《超级马里奥》的画面

总体来说，像素时期是游戏美术技术发展的重要阶段。在此阶段，游戏美术师们通过创新的设计和技术手法，将有限的像素点发挥到极致，创造出独特的游戏画面和风格。这些经典的作品不仅为游戏行业带来了无尽的乐趣，也为后续的游戏美术技术发展奠定了基础。

2. 二维时期

在二维（也称 2D）时期（20 世纪 80—90 年代），游戏美术师们开始广泛使用各种专业的二维绘图软件来创建游戏画面，这一阶段也被视为二维绘图艺术的黄金时代。

Adobe Photoshop（简称 Photoshop）作为早期的二维绘图软件之一，逐渐成为游戏美术师们的主要工具，并提供了丰富的绘图工具，包括画笔、橡皮擦、渐变、选择工具等，使美术师们能够自由地绘制和编辑游戏素材。此外，它还支持图层、滤镜、调色等高级特性，方便美术师们能够更好地组织和调整画面。

除了 Photoshop，还有其他二维绘图软件也被广泛使用，如 Corel Painter、GIMP 等。这些软件提供了与 Photoshop 类似的功能，只是在界面和工作流程上有所不同，以满足不同美术师的需求和偏好。

在二维时期，游戏美术师们开始使用分辨率较高的绘图软件，以便创作出更精美和细腻的游戏素材。他们可以使用绘图软件的细腻画笔工具来绘制角色、场景和物体，通过调整图层和色彩来增强画面的深度和立体感，如图 1.5 所示。

图 1.5　游戏《植物大战僵尸》的画面

此外，游戏美术师们还开始使用绘图软件来制作游戏中的 UI 界面、图标和按钮等元素（见图 1.6），创建出符合游戏风格和用户体验的画面，并使用色彩和图形来吸引玩家的注意。

图 1.6　游戏《洛克王国》的画面

与此同时，游戏美术师们开始尝试使用矢量绘图软件（如 Adobe Illustrator）创建游戏中的矢量图形。矢量图形具有无损放缩和无损编辑的特性，使得美术师们能够在不失真的情况下调整图形的大小和细节。

总体来说，二维时期是游戏美术技术发展的重要阶段。通过专业的二维绘图软件，美术师们能够自由地创作、编辑和调整游戏素材，使其更加精美、细腻和立体。这些软件的不断更新和改进为美术师们提供了更多创作空间和可能性，推动了游戏画面质量的不断提升。

3. 三维时期

三维（也称 3D）时期（20 世纪 90 年代至 21 世纪初），三维建模主要使用基本的几何形状，如立方体、球体和圆柱体等。这些三维模型通常由简单的多边形网格构成，用于表示游戏中的角色和场景。

随着计算机性能的提升，游戏美术师开始使用更复杂的多边形网格进行建模。这种建模技术可以创建更详细和真实的角色和场景，通过增加多边形的数量和细分来增加模型的细节，历代马里奥造型如图 1.7 所示。

图 1.7　历代马里奥造型对比

为提高模型的视觉质量和真实感，游戏美术师开始使用纹理贴图。纹理贴图是将图像映射到模型表面的技术，可以为模型添加颜色、纹理和细节，这使得角色和场景的表面更加丰富和真实，如图 1.8 所示。为使角色在游戏中具有生动的动作和表情，游戏美术师引入了骨骼动画技术。这种技术使用骨骼系统来驱动模型的动作，通过对骨骼的旋转和移动实现角色的动画效果，从而使角色的动作更加流畅和自然。

图 1.8　游戏《破晓传说》的画面

随着计算机性能的进一步提升，游戏美术师开始使用物理模拟技术来增加游戏场景中的真实感，通过模拟物体的运动、碰撞和变形，从而使角色和场景的动态效果更加逼真。

随着图形引擎的发展，游戏美术师可以使用更高级的渲染技术来提高游戏画面的质量，如全局光照、实时阴影、抗锯齿和体积光等，如图 1.9 所示。高级渲染技术使得游戏画面更加真实和细腻，从而能提供更出色的视觉效果。

图 1.9　游戏《原神》的画面

总体而言，游戏美术技术在三维时期经历了从简单几何形状到复杂多边形模型的发展，同时引入了纹理贴图、骨骼动画、物理模拟和高级渲染等技术，为游戏创作提供了更多的视觉表现力和真实感。

4. 游戏引擎时期

游戏引擎（21 世纪初至今）的出现为游戏美术师提供了更加强大的工具和编辑器，这些工具和编辑器使得三维建模、纹理贴图、材质设置、光照调整等更加高效和便捷，且可以通过可视化界面进行操作，不需要编写繁杂的代码。

游戏引擎的发展使得游戏画面的保真度大幅提升。游戏美术师可以使用更多的多边形细节、高分辨率纹理和复杂的材质来创建更真实的角色和场景，同时，引入了一些新的建模技术，如次表面散射、体积雾效果等，进一步提升了游戏画面的逼真度，如图 1.10 所示。

图 1.10　游戏《逆水寒》的画面

随着游戏引擎的发展，物理模拟和动画技术也得到了显著提升。引擎提供了强大的物理引擎，可以模拟物体的运动、碰撞和变形。同时，动画系统也变得更加高级和灵活，游戏美术师可以通过骨骼动画、蒙皮、动画融合等技术创造更自然流畅的角色动作，如图 1.11 所示。

图 1.11　游戏《双人成行》的画面

游戏引擎的渲染引擎不断进步，实时渲染和光照效果也得到了显著提升。游戏引擎除了支持全局光照、实时阴影、抗锯齿等技术外，还引入了一些新的渲染技术，如体积光、全局光照、光线追踪等，进一步提升了游戏画面的质量。

总体而言，游戏美术技术在游戏引擎时期取得了巨大发展。游戏引擎提供了强大的工具和编辑器，使得游戏美术师可以更高效地进行建模、纹理贴图、材质设置、光照调整等。同时，实时渲染和物理模拟技术的进步，使得游戏画面的保真度和逼真度大幅提升，为玩家呈现出更加沉浸式的游戏体验。

【任务实施】

步骤 1：搜集不同的游戏产品画面。

利用搜索引擎和社交媒体，搜集不同游戏产品的画面，并进行归类。

步骤 2：对游戏产品画面进行分类。

按照游戏美术技术的发展阶段，对搜集的游戏画面进行分类。

步骤 3：展示游戏画面的特点。

按照前文介绍的游戏美术技术知识，对搜集到的游戏画面特点使用 PPT 进行分类展示。

任务 1.2　游戏美术的职能分工

【任务描述】

在这个任务中，读者将深入了解游戏美术领域不同职能的分工及其在游戏开发过程中的关键作用。通过本任务的学习，能够全面理解游戏美术领域不同职能间的协同作用，为未来的游戏开发提供更深层次的理解和洞察。

【知识归纳】

在游戏美术团队中，通常存在不同的职能分工，每个职能负责不同的任务和领域。通常会分为角色美术师、环境美术师和概念艺术家。

除以上职能外，还可能存在其他特定领域的美术师，如特效艺术家、植被艺术家（负责创建游戏中的植被和植物）、建筑艺术家（负责创建游戏中的建筑和结构）等。

需要注意的是，不同游戏公司和不同任务对美术职能的定义和分工有所不同，具体的职能分工可能会有一些差异。

1. 角色美术师

在游戏美术中，角色美术师扮演着至关重要的角色。他们负责设计和制作游戏中的角色形象，包括主角、敌人、NPC（non player character）等。其主要工作内容包括以下几个方面。

1）角色设计

角色美术师负责创造游戏中的角色形象，包括外貌、服装、特征等。他们需要根据游戏的设定和风格，设计出与游戏世界相符的角色形象，以吸引玩家并增强游戏体验，如图 1.12 所示。

图 1.12　游戏《原神》的四视图形象

2）角色建模

角色美术师使用 3D 建模软件将设计好的角色形象转化为具体的 3D 模型，并且需要考虑角色的比例、细节和动作表现，以及与游戏引擎的兼容性，确保角色在游戏中能够流畅地运动和表现。

3）角色纹理贴图

角色美术师负责为角色模型添加纹理贴图，包括皮肤、服装、道具等，使用绘图软件和纹理编辑工具为模型的表面添加颜色、纹理和细节，使角色更加真实、生动，分别如图 1.13 和图 1.14 所示。

图 1.13　游戏《王者荣耀》的角色形象

图 1.14　游戏《拳皇》的角色形象

角色美术师在游戏美术中起着至关重要的作用，他们通过设计、建模、纹理贴图，创造出游戏中的各种角色形象，为游戏增添了生命力和视觉冲击力。

2. 环境美术师

环境美术师负责设计和制作游戏中的各种环境场景，包括地形、建筑、植被、天空等。其主要工作内容包括以下几个方面。

1）环境设计

环境美术师负责创建游戏中的各种环境场景，包括森林、城市、沙漠、水下等，并需要考虑游戏的设定和风格，设计出与游戏世界相符的环境场景，以营造出逼真、独特的游戏体验。

2）地形建模

环境美术师使用 3D 建模软件创建游戏中的地形，并需要考虑地形的起伏、山脉、河流等自然要素，以及地面的纹理、细节等，使地形看起来真实而丰富。

3）建筑设计

环境美术师负责设计和建模游戏中的建筑物，包括房屋、城堡、城市建筑等，并需要考虑建筑的风格、结构、细节等，以及与游戏设定的契合度，为游戏提供独特的场景和背景。

4）植被设计

环境美术师负责设计和建模游戏中的植被，包括树木、草地、花朵等，并需要考虑植被的种类、分布、形态等，以及与环境的融合度，为游戏增添自然和生机。

5）灯光和氛围

环境美术师负责设置游戏中的灯光效果和氛围，根据场景需求，调整光照的强度、颜色和方向，营造出适合游戏氛围的光影效果，增强游戏的视觉冲击力和沉浸感，如图 1.15 所示。

图 1.15　游戏《霍格沃兹之遗》的画面

环境美术师在游戏美术中通过设计、建模、灯光和氛围等手段，创造出游戏中的各种场景，为游戏增添了真实感和视觉上的吸引力。

3. 概念艺术家

概念艺术家负责为游戏的角色、环境、道具等元素提供创意和概念设计，其主要工作内容包括以下几个方面。

1）创意设计

概念艺术家负责提供游戏中各种元素的创意和设计方案，通过绘画、草图、数字绘图等手段将游戏的想法和概念转化为可视化的图形。他们还需要具备丰富的想象力和创造力，以及对游戏风格和设定的理解，如图 1.16 所示。

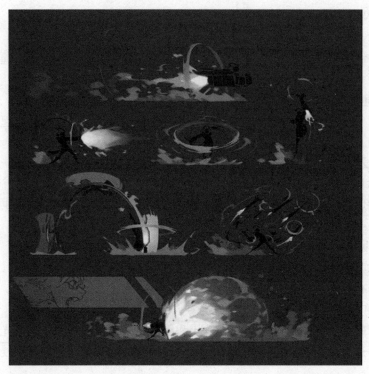

图 1.16　游戏特效分镜画面（1）

2）故事板和概念插图

概念艺术家可以为游戏制作故事板和概念插图，用于展示游戏的情节、场景和角色。这些故事板和插图可以帮助开发团队更好地理解和实现游戏的视觉效果及故事情节，如图 1.17 所示。

图 1.17　游戏特效分镜画面（2）

概念艺术家在游戏美术中通过创意设计和概念插图，为游戏提供可视化的想法和设计方案。同时，他们与开发团队密切合作，确保游戏的视觉效果与设定一致，并为游戏增添独特的视觉魅力。

4. 动画师

动画师负责制作游戏中的各种动画效果，包括角色动作、特殊技能、场景动态等。其主要工作内容包括以下几个方面。

1）角色动画

动画师负责为游戏中的角色制作各种动画效果，包括行走、跑动、攻击、受伤等。并需要根据角色的设定和需求，创作出流畅、自然的动作，以增强角色的表现力和可玩性，如图 1.18 所示。

图 1.18　游戏《第五人格》的画面

2）特殊技能动画

动画师负责制作游戏中的特殊技能动画，如法术释放、武器特效、技能连击等，如图 1.19 所示。通过动画效果使特殊技能表现出威力和独特性，从而增强游戏的战斗体验和视觉冲击力。

图 1.19　游戏《幽灵线东京》的画面

3）环境动画

动画师负责制作游戏中的环境动画，如水流、风吹草动、天空变化等。通过动画效果，使环境更加生动、真实，从而增强游戏的沉浸感和视觉效果。

4）剧情动画

动画师负责制作游戏中的剧情动画，包括开场动画、过场动画、剧情片段等，如图 1.20 所示。通过动画表达故事情节和角色情感，增强游戏的叙事性和吸引力。

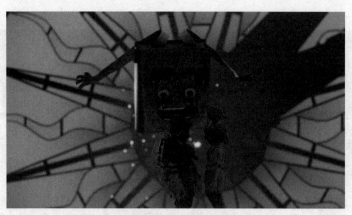

图 1.20 游戏《双人成行》的画面

5）UI 动画

动画师负责制作游戏中的用户界面（UI）动画，如菜单切换、按钮交互等。通过动画效果，使用户界面更加流畅、有趣，从而提升游戏的用户体验和操作友好性。

动画师在游戏美术中通过制作各种动画效果，为游戏增添了生动性、表现力和视觉上的吸引力。同时，与美术、程序和设计团队紧密合作，确保游戏的动画效果与游戏设定一致，并为游戏提供出色的动画体验。

【任务实施】

步骤 1：将学生分组，确保每个小组里均有对不同职能感兴趣的学生。

步骤 2：分小组对不同款式的游戏从各个职能角度进行分析、讨论。

步骤 3：小组成员一起参与概念构思，通过集体讨论确定全新的任务，并对整体任务的风格、故事情节和角色进行设定。

步骤 4：每组通过 PPT 展示本组的概念设定等。

任务 1.3　游戏任务的开发与制作流程

【任务描述】

在这个任务中，我们将深入了解游戏任务的开发与制作流程。读者将了解从概念构思到最终发布的整个过程中，游戏美术师是如何与其他团队成员协同工作，创造出令人惊叹的游戏世界的。通过这个任务，还将了解游戏美术在整个游戏开发过程中的作用，以及如何与其他团队成员协作，共同创造出一款成功的游戏。

【知识归纳】

游戏项目的开发与制作流程如图 1.21 所示，具体流程可以分为以下六个阶段。

图 1.21　游戏项目的开发与制作流程

1. 概念阶段

在概念阶段，团队会进行头脑风暴和创意讨论，确定游戏的核心概念和基本设定。概念阶段的工作通常包括市场调研、竞品分析、故事构思、角色设定等，最终形成一个游戏概念文档。

2. 预制阶段

在预制阶段，团队会进行详细的游戏设计和策划工作，包括游戏规则的制定、关卡设计、系统设计、UI 设计等。此阶段还会制作预制品，如原型、概念艺术、动画样板等，以验证游戏的可行性和吸引力。

3. 制作阶段

在制作阶段，团队开始正式的游戏制作。程序员负责编写游戏引擎和系统的核心代码，美术师负责角色、场景、道具的建模和纹理贴图，动画师负责制作角色和特效的动画，音频师负责制作游戏音效和背景音乐。

4. 集成阶段

在制作阶段的各个环节完成后，团队将各个资源进行整合和集成。程序员将美术资源和音频资源导入游戏引擎，进行调试和优化。此阶段的工作还包括游戏测试和 Bug 修复，以确保游戏的稳定性和可玩性。

5. 上线阶段

在游戏制作完成后，团队准备游戏的上线工作，包括准备游戏的营销材料、发布游戏的宣传活动、与发行商或平台商进行合作等。同时，还需要进行最后的测试和优化，以确保游戏在不同平台和设备上的兼容性和稳定性。

6. 运营阶段

游戏上线后，团队进入游戏的运营阶段，包括持续的游戏更新和维护，如添加新的内容、修复 Bug、优化游戏性能等。运营团队还会进行玩家反馈的收集和分析，以不断改进游戏体验和增加用户参与度。

需要注意的是，以上只是一个大致流程，实际的游戏开发任务可能会根据团队规模、任务复杂度和开发周期的不同而有所调整。同时，团队之间的协作和沟通也非常重要，良好的团队合作可以提高开发效率和质量。

【任务实施】

步骤 1： 基于任务 1.2 的成果，制定游戏的基本规则、故事背景和美术风格，并提交一份简单的策划书。

步骤 2： 制作 PPT，以小组为单位展示游戏任务的开发思路并互动讨论。

任务 1.4　游戏美术的常用软件

【任务描述】

在游戏开发过程中，掌握常用的游戏美术软件至关重要。这些软件可以帮助读者高效地创建、编辑和优化游戏中的美术资源。本任务将重点介绍几种常用的游戏美术软件，以及它们在游戏开发中的应用。

【知识归纳】

游戏美术常用软件分为以下两类。

1. 二维游戏美术制作常用软件

Photoshop 是 Adobe 公司开发的图像处理软件，广泛应用于二维游戏美术制作。它提供了强大的绘图和编辑工具，可用于绘制游戏角色、场景、UI 界面等。

2. 三维游戏美术制作常用软件

1）3ds Max

3ds Max 提供了丰富的建模工具和材质编辑功能，可用于创建游戏、动画和电影等中的角色、场景和道具模型。

2）Maya

Maya 是由 Autodesk 公司出品的三维动画软件，多用于影视广告、角色动画、电影特效等的制作。它的功能界面设计十分人性化，且制作效率极高、渲染真实感强，是电影级的建模软件。

3）ZBrush

ZBrush 是由 Pixologic 公司开发的一款专业的数字雕刻和绘图软件，广泛应用于游戏、电影和动画等领域，具有强大的雕刻和绘画工具，能够实现高度逼真的三维模型创作。

4）TopoGun

TopoGun 用于拓扑低模的设计，其重建多边形功能可以重新创建三维模型的拓扑线，烘焙贴图功能还可以将高模上的信息烘焙成各种贴图，使多边形在连续变形的情况下不改变性质，从而使模型效果更逼真。

5）RizomUV

RizomUV 用于制作 UV，它包含 RizomUV VS 和 RizomUV RS，是一款功能强大的三维模型展示 UV 工具，能够为用户提供清晰的 UV 拆分和摆放功能，帮助用户创建十分精准且无拉伸的 UV 贴图。

6）Substance Painter

Substance Painter 是由 Allegorithmic 公司开发的纹理绘制软件，用于创建高质量的游戏角色和场景纹理，并提供了直观的界面和强大的绘画工具。

7）Marmoset Toolbag

Marmoset Toolbag 是由 Marmoset LLC 开发的一款功能强大的实时渲染工具，可用于创建、编辑和渲染高质量的三维图形和动画。

8）Unreal Engine

Unreal Engine 的中文名是虚幻引擎，是一款强大的游戏引擎，提供的实时渲染和创作工具为开发者带来了更高效、更逼真的游戏体验。

这些软件在游戏美术制作中扮演着重要角色，根据任务需求和美术师个人技能，可以选择适合的软件进行二维或三维游戏美术制作。

【任务实施】

步骤 1：分析上述游戏美术制作软件在游戏开发中的重要性，以及它们是如何提高游戏美术的质量和效率的。

步骤 2：讨论上述游戏美术制作软件的优缺点，以及选择合适软件的方法。

任务 1.5　游戏美术行业前景分析

【任务描述】

通过深入研究游戏美术行业的当前状况和未来趋势，读者能够了解美术领域的就业机会、专业技能需求以及行业发展的关键驱动力。本任务旨在使读者对游戏美术行业的发展趋势和未来前景有一个全面的认识，从而可以更好地规划个人的职业发展。

【知识归纳】

游戏美术行业在过去几年中一直呈现出快速发展的趋势，随着游戏市场的不断扩大和技术进步，对高质量游戏美术作品的需求也在增加，以下内容是对游戏美术行业前景的分析和预测。

1. 市场需求规模不断增长

随着游戏市场规模的不断扩大，全球范围内游戏玩家的数量持续增加，这导致了对更加精美和逼真游戏画面的需求增加，游戏美术作品成为游戏成功的重要因素之一。

2. 技术进步推动创新

随着硬件和软件技术的不断进步，游戏美术制作工具和技术也得到了提升。现在的游戏美术师可以利用先进的软件和渲染技术，制作出更加逼真和令人惊叹的游戏画面。

3. 多样化的游戏类型

游戏市场中涌现出了各种类型的游戏，包括角色扮演游戏、动作游戏、射击游戏等。每种类型的游戏都需要不同风格的游戏美术作品，这为游戏美术师提供了更多的机会和挑战。

4. 移动游戏崛起

移动游戏市场的快速增长也为游戏美术行业带来了新的机遇。移动设备性能的不断提升，使得移动游戏的画面质量和体验也得到了提升，对高质量游戏美术作品的需求也在增加。

5. 跨媒体发展

游戏美术师的技能和经验也可以应用于其他媒体领域，如电影、动画、虚拟现实等。这为游戏美术师提供了更广阔的就业机会和发展空间。

总体而言，游戏美术行业前景广阔，但也面临着激烈的竞争。随着技术的不断进步和市场变化，游戏美术师需要不断学习和提升技能，以保持创新和适应市场需求的能力。

【任务实施】

步骤1： 调研游戏美术行业的当前状况，包括市场规模、主要公司、就业需求等，以便建立对行业整体情况的了解。

步骤2： 调查游戏美术领域最受欢迎的专业技能，包括但不限于三维建模、纹理制作、角色设计等。了解市场对不同技能的需求有助于读者有针对性地发展自己的技能。

步骤3： 分析游戏美术行业的就业趋势，包括职位需求、薪资水平、行业发展方向等。这将有助于读者更好地制定个人职业规划。

项目 2

认识三维建模与贴图

项目导读

三维建模与贴图是数字创意领域的重要分支，广泛应用于电影制作、游戏开发、建筑设计、工业造型等领域。本项目将带领读者走进三维建模与贴图的世界，从基本概念到行业应用，再到相关软件的发展历史，以便读者全面了解该技术。

学习目标

- 掌握三维建模与贴图的基本概念和技术原理。
- 了解三维建模与贴图在各行业中的应用和价值。
- 熟悉并了解 3ds Max 和 Substance Painter 两款软件的发展历程。

职业素养目标

- 培养对新知识的探索和求知欲，保持对技术发展的敏感性。
- 养成严谨的学术态度和工作习惯，对待工作认真负责。
- 培养团队协作精神，共同探讨和解决问题。

职业能力要求

- 能够准确阐述三维建模与贴图的基本概念和原理。
- 能够分析并阐述三维建模与贴图在各行业中的应用案例，并深入理解三维建模与贴图在行业中的价值和意义。

项目重难点

项目内容	工作任务	建议学时	技 能 点	重 难 点	重要程度
项目2　认识三维建模与贴图	任务2.1　建模与贴图的基本概念	0.5	掌握三维建模与贴图的基本原理和流程	掌握三维建模和贴图的基本原理和流程	★★★☆☆
				理解并区分建模和贴图的概念，以及它们之间的关系	★★★☆☆
	任务2.2　建模与贴图的行业应用	0.2	了解当前三维建模与贴图技术的行业趋势和发展方向	了解建模与贴图技术在行业中的广泛应用	★★☆☆☆
	任务2.3　软件介绍	0.3	了解相关软件的发展历程，及其在三维建模与贴图领域的重要地位	分析软件发展对三维建模与贴图技术的影响，以及对未来发展趋势的预测	★★☆☆☆

任务 2.1　建模与贴图的基本概念

【任务描述】

建模与贴图是三维设计中的核心技能，它们共同塑造了虚拟世界的真实感与细节。本任务将深入探索这两个领域的基本概念，以便读者能够更好地理解和应用它们。

【知识归纳】

三维建模是指使用计算机软件创建三维物体的过程，通常包括几何建模和贴图两个方面。通过三维建模，可以将现实世界中的物体、场景、人物等转化为数字化的三维模型（见图2.1）。

图 2.1　游戏中建模与贴图的结合示例

几何建模是指使用点、线、面等基本几何元素来描述三维物体的形状和结构。常见的几何建模方法包括多边形建模、曲面建模、体素建模等。多边形建模是常见的一种方法，通过将三角形或四边形拼接在一起来构建复杂的三维模型。曲面建模使用曲线或曲面来描述物体的形状，可以更加精细地表达物体的曲率和光滑度。体素建模则是将物体划分为一系列小的立方体单元，通过组合这些立方体来构建物体的形状。

贴图是指将二维图像应用到三维模型表面的过程。贴图可以赋予模型更加真实的外观和细节，如纹理、颜色、光照等。常见的贴图技术包括 UV 贴图和法线贴图。UV 贴图是将二维图像映射到三维模型表面的过程，首先将三维模型展开为二维平面，然后将贴图应用到展开后的平面上，最后再将其重新映射到三维模型上。法线贴图则是通过在模型表面存储法线信息来模拟出物体的凹凸效果，从而增加模型的细节和立体感。

【任务实施】

步骤 1： 模拟教师角色，让学生简要讲解一个特定的建模或贴图的概念。

步骤 2： 找到自己喜欢的游戏或者动画片段，分析其建模和贴图的细节，配合相关文献或在线资源，深入思考并自我探索学习。

任务 2.2 建模与贴图的行业应用

【任务描述】

在当今数字艺术和游戏开发领域，建模与贴图技术扮演着至关重要的角色。本任务旨在深入探索建模与贴图在各个行业中的应用，并分析其技术要求、流程与技巧。

【知识归纳】

1. 游戏开发

建模与贴图是游戏开发中不可或缺的环节，游戏中的角色、场景、道具等均需要通过建模与贴图技术来创建和渲染。通过建模与贴图，可以创建出逼真的游戏世界，从而提升游戏的视觉效果和用户体验。

2. 电影和动画

在电影和动画制作中，建模与贴图是创造虚拟场景和角色的重要技术。通过建模与贴图，可以创建出逼真的特效和动画效果，如人物模型、场景模型、特殊效果等，从而使电影和动画更加生动和引人入胜。

3. 广告和媒体

建模与贴图在广告和媒体产业中也有广泛的应用。通过建模与贴图，可以创造出引人注目的产品模型、室内外场景、动态效果等，用于广告宣传、品牌推广和媒体展示。

4. 建筑设计

在建筑设计领域，建模与贴图可以用来创建建筑物的三维模型和渲染效果图。通过建模与贴图，可以更好地展示建筑设计的外观、内部结构和材质，帮助设计师和客户更好地理解和评估设计方案。

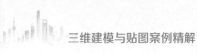
5. 工业设计

在工业设计中，建模与贴图可以用来创建产品的三维模型和渲染效果图。通过建模与贴图，可以更好地展示产品的外观、结构和材质，帮助设计师和客户更好地评估和修改设计方案。

6. 虚拟现实和增强现实

建模与贴图在虚拟现实和增强现实领域也有着重要应用。通过建模与贴图，可以创建虚拟现实和增强现实中的虚拟场景、人物和物体，从而提供沉浸式的体验和交互。

总的来说，建模与贴图在许多行业中都扮演着重要角色，可以帮助创建出逼真的三维模型和渲染效果，从而提升产品的视觉效果和用户体验。

【任务实施】

步骤 1：试着寻找一些相同的三维模型能够应用于不同行业场景的案例，例如游戏、影视、广告或其他相关行业。

步骤 2：了解不同行业对三维模型的技术要求和应用规范。

步骤 3：将得到的结论进行展示与分享。

任务 2.3　软件介绍

【任务描述】

本任务旨在帮助读者了解两款在三维建模和贴图领域中非常流行的软件：3ds Max 和 Substance Painter。通过完成本任务，读者可以了解这两款软件的发展历程、特点和特性，为进一步学习三维建模和贴图技术打下基础。

【知识归纳】

3ds Max 提供了强大的建模工具和渲染引擎，适用于各种领域的任务，包括游戏开发、影视制作等。Substance Painter 是由 Allegorithmic 公司开发的材质贴图绘制软件，专注于为三维模型创建高质量的贴图，提供的直观界面和强大的贴图功能可以大大简化贴图流程。

在本任务中，我们将通过了解它们的发展历程，来更好地理解这两款软件在设计领域的重要性和应用价值

1. 3ds Max 的历史与发展

3ds Max 是由美国 Autodesk 公司开发的一款专业的三维建模、动画和渲染软件。1990 年发行的最初版本是基于 DOS 操作系统的 3D Studio，主要用于创建静态图像和动画，并

提供了基本的建模、动画和渲染功能。1996 年，为适应市场需求，Autodesk 推出了基于
Windows 操作系统的 3D Studio Max，该版本引入了更多的功能，包括更强大的建模工具
和渲染引擎。1999 年，3ds Max 4 面世，此版本进行了重要改进，包括更高级的动画工具、
粒子系统和布料模拟。2001 年升级为 3ds Max 5，该版本引入了更多的渲染和照明工具，
改进了动画和建模工具的性能。2006 年发展到 3ds Max 9，此版本做了很多重要的改进，
包括更强大的渲染引擎、全局照明和阴影、动态模拟等。2009 年和 2013 年的 3ds Max 引
入了强大的图形处理单元（graphics processing unit，GPU）加速渲染、更高级的动画和模
拟工具，以及改进的用户界面。

从 2001 年至今，3ds Max 不停地更新迭代，为用户提供更便捷、更人性化的服务而
努力。本书选用的版本是 3ds Max 2023，此版本有如下亮点。

1）重拓扑预处理

3ds Max 2023 对其重新拓扑工具进行了多项改进，以处理大量数据并提高用户的工作
效率。使用 Retopology Tools 1.2 可以处理大量数据，减少网格的设置和准备工作，并保留
现有网格的更多特征。

2）放置工作轴

放置工作轴支持自定义轴功能，例如，单击放置工作轴至场景对象的顶点或面组件、
创建与工作轴当前位置和方向对齐的自定义网格等，增强了创造性工作流程。

3）自动备份工具栏

3ds Max 2023 更新了自动备份工具栏，此工具栏提供了一种非常便捷的方式来进行可
视化自动备份。

4）物理材质增加了新特性

物理材质增加了两个新特性：光泽可用于织物；薄膜可用于肥皂泡或油性表面。此
外，物理材质现在与 Autodesk 标准曲面对齐，并受 FBX（一种广泛使用的三维模型交换
格式）支持，以允许在 3ds Max 和 Maya 之间共享材质，而不会丢失任何数据。

5）glTF 材质和导出器

3ds Max 2023 更新了 glTF（一种三维模型文件格式）材质和导出器，设计师们能够将
3ds Max 场景中的资产发布为 glTF 3D 内容，以便在 Web 应用程序、在线商店、浏览器游
戏中使用。

6）智能拉伸

智能拉伸功能允许在可编辑多边形对象上进行部分剪切。向外拉伸的同时，可以将最
终结果的部分重叠几何图形合并或联合，然后再减去向内拉伸。

7）Arnold 渲染器

3ds Max 2023 更新了 Arnold Renderer 引擎中的 MAXtoA 插件，引入了新功能、错误
修复、性能优化和生产改进。

其他更新内容还包括展开 UVW 键盘快捷键、遮挡选择改进、智能挤出、场景脚本资
源的安全场景脚本执行、从工作透视创建点及网格等。

总的来说，3ds Max 在其发展历程中不断引入新的功能，使其成为行业内最受欢迎的
三维计算机图形软件之一。升级后的最新版本为用户提供了更高效、更强大的功能，帮助
他们在三维设计和动画制作方面取得更好的成果。

2. Substance Painter 的历史与发展

2014 年，Substance Painter 首次发布，引入了基于物理的纹理绘制技术，通过 PBR（physically based rendering，基于物理的渲染）渲染引擎实现高质量的纹理效果。2019 年，Substance Painter 2019 发布，增加了实时渲染视口和投影绘制工具，提升了实时预览和绘制的质量。

Substance Painter 发展至今，每年都会发布新版本，不断引入新的功能和技术，如更强大的笔刷和纹理库、实时渲染和光照工具，以满足用户对高质量纹理绘制的需求。

Substance Painter 旨在为艺术家和设计师提供一个强大且易于使用的工具，以创作逼真和高质量的纹理效果。随着技术的不断进步和用户需求的变化，Substance Painter 将继续更新和发展，为用户带来更多创作的可能性。

3ds Max 和 Substance Painter 是两款在三维建模和纹理绘制方面非常强大的软件。通过它们可以完成各种令人惊叹的任务。3ds Max 建模能力强大，适合各种游戏，影视，家装模型；Substance Painter 则可以使模型贴图绘制更加逼真与方便快捷。

【任务实施】

步骤 1： 小组探索和讨论 3ds Max 的相关功能。

步骤 2： 自行寻找案例或视频，了解不同功能的特性。

项目 3

初识 3ds Max 2023

项目导读

　　本项目旨在帮助读者快速掌握 3ds Max 2023 的基本操作技能，并为进一步学习三维建模打下坚实的基础。

　　本项目将从认识操作界面开始深入探索 3ds Max 2023。通过详细介绍该软件界面的各个组成部分，读者将了解到如何有效地利用其各项功能，逐步了解安装和启动 3ds Max 2023 的过程，以及如何在视图区中进行操作。接下来，将重点介绍 3ds Max 2023 的基本操作及常用命令，读者可以学习到如何进行基本设置和操作，以及如何使用常见的工具和命令来创建和编辑物体。我们还将深入探讨物体的定位与坐标，例如，如何使用捕捉工具来精确地定位和对齐物体，我们还将探讨物体的参数变化，读者可学习到如何选择物体，并使用移动、旋转和缩放等功能来改变物体的位置、方向和尺寸。最后本项目还将介绍如何复制物体，以及如何使用复制功能来快速生成多个物体。

　　通过完成本项目，读者将具备基本的 3ds Max 2023 操作技能，能够自如地使用软件的各项基本功能。

学习目标

- 了解软件的安装与启动，并认识操作界面。
- 掌握基本操作及常用命令。

职业素养目标

- 具备良好的专业素养和团队合作能力。
- 能够熟练运用 3ds Max 2023，为今后的学习及职业发展打下坚实的基础。

职业能力要求

- 具有清晰的三维建模思路。
- 学会结合基本工具及操作更好地制作三维实例。
- 能够将理论知识与实际项目需求相结合。

项目重难点

项目内容	工作任务	建议学时	技 能 点	重 难 点	重要程度
项目3 初识 3ds Max 2023	任务 3.1 认识操作界面	1.5	各个功能区域的使用方法	熟悉操作界面和视图控制的方法	★★★☆☆
				掌握不同面板和工具栏的使用方法	★★★☆☆
	任务 3.2 认识 3ds Max 2023 的常用工具	2	常用工具栏的功能	熟悉并掌握常用工具的功能和使用方法	★★★★☆
	任务 3.3 3ds Max 2023 的常规设置	0.5	根据任务需求进行软件配置和自定义设置	学会使用首选项和自定义设置	★★★☆☆
	任务 3.4 材质编辑器	0.5	熟悉材质编辑器	掌握材质编辑器的基本功能、作用和设置	★★★☆☆

任务 3.1 认识操作界面

【任务描述】

通过本项目的学习，读者能够熟悉 3ds Max 2023 的各个功能区域和工具栏的作用和布局，掌握软件界面的基本操作方式，包括视图切换和编辑及自定义用户界面；熟悉各工具栏下的细分功能，包括菜单栏、工具栏和命令面板的各细分功能。

【知识归纳】

软件操作界面

1. 软件界面

3ds Max 2023 安装后，双击桌面上的 3 图标启动。它为用户提供了多种语言版本，在"开始"菜单中执行 Autodesk/3ds Max 2023-Simplified Chinese 命令，可以启动中文版 3ds Max 2023。

学习 3ds Max 2023 之前，首先应熟悉其操作界面与布局，为以后的学习打下基础。其界面主要包括标题栏、菜单栏、主工具栏、视图工作区、命令面板、时间滑块、轨迹栏、动画关键帧控制区、动画播放控制区和 MAXScript 迷你侦听器等。图 3.1 所示为 3ds Max 2023 的操作界面。

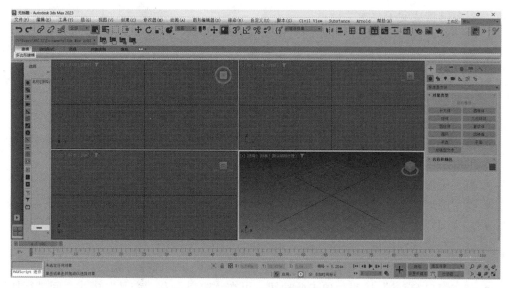

图 3.1　3ds Max 2023 的操作界面

2. 菜单栏

菜单栏位于标题栏下方，包含 3ds Max 2023 中的所有命令：文件、编辑、工具、组、视图、创建、修改器、动画、图形编辑器、渲染、自定义、脚本、Civil View、Substance、Arnold 和帮助，如图 3.2 所示。

图 3.2　3ds Max 2023 菜单栏

3. 工具栏

3ds Max 2023 为用户提供了多个工具栏，在默认状态下，菜单栏的下方会显示"主工具栏"和"任务"工具栏。其中包含了常用的工具按钮，如选择工具、移动工具、旋转工具等，通过单击工具按钮可选择相应的工具。图 3.3 所示为 3ds Max 2023 的主工具栏。

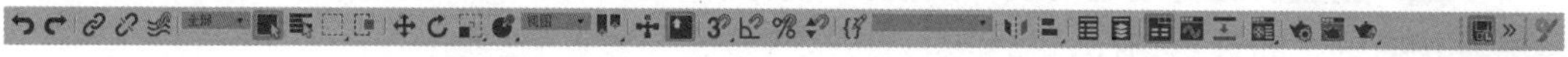

图 3.3　3ds Max 2023 的主工具栏

仔细观察主工具栏上的图标按钮，如果图标按钮的右下角有黑色小三角形标志，表示当前图标按钮包含多个类似命令。如要切换至其他命令，用鼠标左键长按当前图标按钮就可以显示其他命令，如图 3.4 所示。

文件管理基本操作

以下是关于工具栏的详细介绍。

- ↶ "撤销"按钮：用于取消上一次的操作；
- ↷ "重做"按钮：用于取消上一次的"撤销"操作；
- ⬿ "选择并连接"按钮：用于将两个或多个

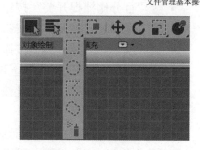

图 3.4　长按图标按钮以显示隐藏的工具

对象链接成父子层次关系；

- ⚙ "断开当前选择链接"按钮：用于解除两个对象之间的父子层次关系；
- ⚙ "绑定到空间扭曲"按钮：将当前选择附加到空间扭曲；
- 全部 ▼ "选择过滤器"下拉列表：可以通过此列表限制选择工具选择的对象类型；
- ▣ "选择对象"按钮：可用于选择场景中的对象；
- ▣ "按名称选择"按钮：单击此按钮可打开"从场景选择"对话框，通过对话框中的对象名称来选择物体；
- ▣ "矩形选择区域"按钮：在矩形选区内选择对象；
- ⬡ "圆形选择区域"按钮：在圆形选区内选择对象；
- ▣ "围栏选择区域"按钮：在不规则的围栏形状内选择对象；
- ⬡ "套索选择区域"按钮：在不规则的区域内选择对象；
- ▣ "绘制选择区域"按钮：在对象上方以绘制的方式选择对象；
- ▣ "窗口/交叉"按钮：单击此按钮，可在"窗口"和"交叉"模式之间进行切换；
- ✛ "选择并移动"按钮：选择并移动对象；
- ↻ "选择并旋转"按钮：选择并旋转对象；
- ▣ "选择并均匀缩放"按钮：选择并均匀缩放对象；
- ▣ "选择并非均匀缩放"按钮：选择并以非均匀的方式缩放对象；
- ▣ "选择并挤压"按钮：选择并以挤压的方式缩放对象；
- ⬢ "选择并放置"按钮：将对象准确地定位到另一个对象的表面；
- 视图 ▼ "参考坐标系"下拉列表：可以指定变换所用的坐标系；
- ▣ "使用轴点中心"按钮：可以围绕对象各自的轴点旋转或缩放一个或多个对象；
- ▣ "使用选择中心"按钮：可以围绕选择对象的共同几何中心进行选择，或缩放一个或多个对象；
- ▣ "使用变换坐标中心"按钮：围绕当前坐标系中心旋转或缩放对象；
- ✛ "选择并操纵"按钮：通过在视口中拖动"操纵器"来编辑对象的控制参数；
- ▣ "键盘快捷键覆盖切换"按钮：单击此按钮，可以在"主用户界面"快捷键和组快捷键之间进行切换；
- 3² "捕捉开关"按钮：通过此按钮可以设置捕捉三维空间内的顶点、栅格点、轴心和垂足等选项；
- ∠ "角度捕捉开关"按钮：通过此按钮可以设置在旋转操作时进行预设角度旋转；
- % "百分比捕捉开关"按钮：按预先设置好的百分比来缩放对象；
- ▣ "微调器捕捉开关"按钮：用于切换设置微调器一次单击的增加值或减少值；
- ▣ "编辑命名选择集"按钮：单击此按钮可以打开"命名选择集"对话框；
- ▣ ▼ "命名选择集"下拉列表：使用此列表可以调用选择集合；
- ▣ "镜像"按钮：单击此按钮可以打开"镜像"对话框，以详细设置镜像场景中的物体；
- ▣ "对齐"按钮：将当前选择与目标选择进行对齐；
- ▣ "快速对齐"按钮：可立即将当前选择的对象与目标对象进行对齐；

- "法线对齐"按钮：使用"法线对齐"对话框设置物体表面基于另一个物体表面的法线方向进行对齐；
- "放置高光"按钮：用于将灯光或对象对齐到另一个对象上来精确定位其高光位置；
- "对齐摄影机"按钮：用于将摄影机与选定的面法线进行对齐；
- "对齐到视图"按钮：用于将对象或子对象选择的局部轴与当前视口对齐；
- "切换场景资源管理器"按钮：用于打开"场景资源管理器"对话框；
- "切换层资源管理器"按钮：用于打开"层资源管理器"对话框；
- "切换功能区"按钮：用于显示或隐藏 Ribbon 工具栏；
- "曲线编辑器"按钮：用于打开"轨迹视图 - 曲线编辑器"面板；
- "图解视图"按钮：用于打开"图解视图"面板；
- "材质编辑器"按钮：用于打开"材质编辑器"面板；
- "渲染设置"按钮：用于打开"渲染设置"面板；
- "渲染帧窗口"按钮：用于打开"渲染帧"窗口；
- "渲染产品"按钮：用于渲染当前激活的视图。

在主工具栏的空白处右击，可以看到默认状态下未显示的其他工具栏。除主工具栏，还有 MassFX 工具栏、"动画层"工具栏、"容器"工具栏、"层"工具栏、"捕捉"工具栏、"染快捷方式"工具栏、"状态集"工具栏、"笔刷预设"工具栏、"轴约束"工具栏和"附加"工具栏等。

图 3.5　Ribbon 命令

4. Ribbon 工具栏

Ribbon 工具栏包含建模、自由形式、选择、对象绘制和填充五个部分，在"主工具栏"后面的空白处右击，执行 Ribbon 命令即可显示工具栏，如图 3.5 所示。

1）建模

单击"显示完整的功能区"标签，可以将 Ribbon 工具栏向下完全展开。执行"建模"命令，Ribbon 工具栏就可以显示出与多边形建模相关的命令，如图 3.6 所示。当未选择几何体时，该命令区域呈灰色。

图 3.6　Ribbon 多边形建模

用鼠标选择几何体时，单击相应图标进入多边形的子层级后，此区域可显示相应子层级内的全部建模命令，并以非常直观的图标形式显示。图 3.7 所示为多边形"边"层级内的命令图标。

图 3.7 Ribbon 多边形"边"层级内的命令图标

2）自由形式

单击"自由形式"标签，其内部的命令图标如图 3.8 所示。需选择物体才可激活相应图标命令并显示，从而能用于修改物体几何形体的形态。

图 3.8 "自由形式"标签内的命令图标

3）选择

单击"选择"标签，其内部的命令图标如图 3.9 所示。前提是需要选择多边形物体，并进入其子层级后，方可激活图标并显示状态；未选择物体时，此标签内部为空。

图 3.9 "选择"标签内的命令图标

4）对象绘制

单击"对象绘制"标签，其内部命令图标如图 3.10 所示。此区域内的命令允许用户为鼠标设置模型，并以绘制的方式在场景中或物体对象表面进行复制操作。

图 3.10 "对象绘制"标签内的命令图标

5）填充

单击"填充"标签（见图 3.11），可以快速制作大量人群走动和闲聊场景。尤其是在建筑室内外的动画表现上，更少不了"角色"这一元素。"角色"不仅可以为画面增添活泼的气氛，还可作为所要表现的建筑尺寸的重要参考依据。

图 3.11 "填充"标签内的命令图标

5. 工作视图

在 3ds Max 2023 的整个工作界面中，工作视图区域占据了大部分界面空间。默认状态下，工作视图分为"顶"视图、"前"视图、"左"视图和"透视"视图 4 种（切换至"顶"视图的快捷键是 T；切换至"前"视图的快捷键是 F；切换至"左"视图的快捷键是 L；切换至"透视"视图的快捷键是 P）。可以单击工作界面右下角的"最大化视口切换"按钮，将默认的四视口区域切换为一个最大化视口显示。

将光标移动至视口的左上方，在相应视口的提示词上单击，可弹出下拉列表，从中可以选择要切换的操作视图。从此下拉列表中还可以看出"后视图"和"右视图"无快捷键的设置，如图 3.12 所示。

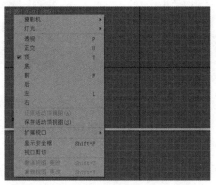

视图的基本操作

图 3.12　可切换的视图

6. 命令面板

3ds Max 2023 界面的右侧为"命令"面板。"命令"面板由"创建"面板、"修改"面板、"层次"面板、"运动"面板、"显示"面板和"实用程序"面板组成。

1）"创建"面板

图 3.13 所示为"创建"面板，可以创建 7 种对象，分别为"几何体""图形""灯光""摄影机""辅助对象""空间扭曲"和"系统"。

2）"修改"面板

图 3.14 所示为"修改"面板，用来调整选定对象的修改参数；当未选择任何对象时，此面板中的命令为空。

图 3.13　"创建"面板

图 3.14　"修改"面板

3）"层次"面板

图 3.15 所示为"层次"面板，可以在其中选择或调整对象之间的层次链接关系，如

父子关系等。

4）"运动"面板

图 3.16 所示为"运动"面板，主要用来调整选定对象的运动属性。

图 3.15 "层次"面板   图 3.16 "运动"面板

5）"显示"面板

图 3.17 所示为"显示"面板，可以控制场景中对象的显示、隐藏、冻结等属性。

6）"实用程序"面板

图 3.18 所示为"实用程序"面板，其中包含很多工具程序。面板中只显示部分工具程序，其他的工具程序可以通过单击"更多 ..."按钮进行查找。

图 3.17 "显示"面板   图 3.18 "实用程序"面板

7. 时间滑块和轨迹栏

时间滑块位于视口导航区域的下方，可通过拖动鼠标光标来显示不同时间段场景中物体对象的动画状态。默认状态下，场景中的时间帧数为 100 帧，帧数值可根据将来的动画制作需要随意更改。用户可按住时间滑块在轨迹栏上迅速拖动以查看动画的设置，在轨迹栏内的动画关键帧可以很方便地进行复制、移动及删除，如图 3.19 所示。

图 3.19 时间滑块

8. 提示行和状态栏

提示行和状态栏可以显示出当前有关场景和活动命令的提示和操作状态。二者位于时间滑块和轨迹栏的下方，状态栏如图 3.20 所示。

图 3.20 状态栏

9. 动画控制区

动画控制区内有可用于在视口中进行动画播放的时间控件。使用这些控制可随时调整场景文件中的时间来播放并观察动画，如图 3.21 所示。

10. 视口导航区域

视口导航区域允许用户使用这些按钮在活动视口中导航场景，它位于整个 3ds Max 2023 界面的右下方，如图 3.22 所示。

图 3.21 动画控制区

图 3.22 视口导航区域

【任务实施】

自定义界面

1. 加载自定义用户界面

> **步骤 1：** 启动 3ds Max 2023，可以看到其默认界面颜色为深灰色，如图 3.23 所示。

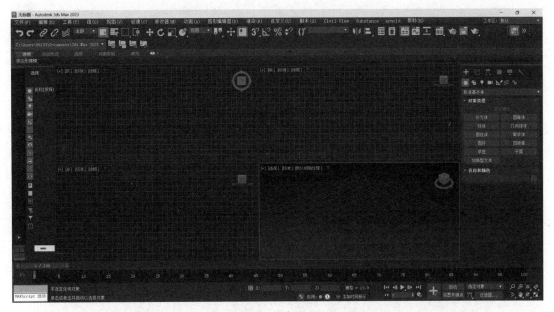

图 3.23 深灰色界面

步骤 2：执行菜单栏中的"自定义"→"加载自定义用户界面方案"命令，如图 3.24 所示。

步骤 3： 在弹出的"加载自定义用户界面方案"对话框中选择名为 ame-light 的 UI 文件，如图 3.25 所示。单击"打开"按钮，即可将软件的界面颜色更改为浅灰色。此时系统会自动弹出提示对话框，提示用户该设置需要重新启动软件方可生效，如图 3.26 所示。

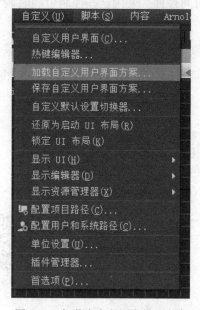

图 3.24　加载自定义用户界面方案

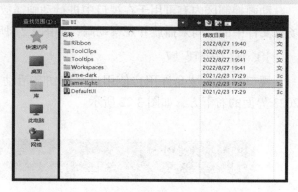

图 3.25　选择浅灰色界面

图 3.26　提示框

步骤 4： 重新打开 3ds Max 2023 后，其界面颜色如图 3.27 所示。

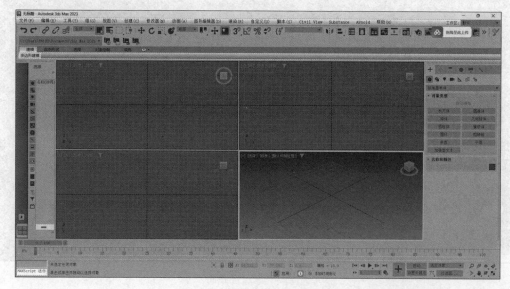

图 3.27　更换浅灰色界面成功

2. 创建文件

3ds Max 2023 为用户提供了多种新建空白文件的方式，以确保用户可以随时使用一个空的场景来制作新的物体对象。当然，最简单的方式依然是双击桌面上 3ds Max 2023 的图标，接下来讲解创建文件的其他方式。

步骤 1：启动 3ds Max 2023。

步骤 2：执行菜单栏中的"文件"→"新建"→"新建全部"命令，创建一个空白的场景文件，如图 3.28 所示。

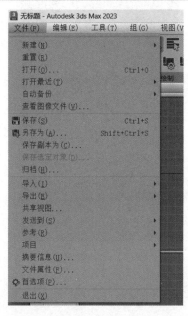

图 3.28 "文件"菜单

步骤 3：此时系统会自动弹出对话框，询问用户是否保存更改，如图 3.29 所示。

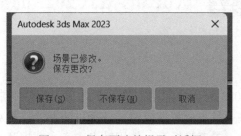

图 3.29 保存更改的提示对话框

步骤 4：如果用户希望保存现有工程文件，单击"另存为"按钮即可；如果无须保存现有工程文件，单击"退出且不保存"按钮即可新建一个空白的场景文件。

步骤 5：3ds Max 2023 还为用户提供了一些场景模板文件，如要使用这些模板，可以执行菜单栏中的"文件"→"新建"→"从模板创建"命令，如图 3.30 所示。

步骤 6： 除"新建场景"功能，3ds Max 2023 还有个相似的功能，叫作"重置"。执行菜单栏中的"文件"→"重置"命令，即可启动该功能，如图 3.31 所示。

步骤 7： 此时系统会自动弹出 3ds Max 对话框，询问用户"确实要重置吗？"，如图 3.32 所示。

图 3.30　从模板创建新场景　　　图 3.31　"重置"命令　　　图 3.32　确定重置对话框

步骤 8： 单击"是"按钮后，3ds Max 2023 会将正在编辑的场景重置为一个新的空白场景。

任务 3.2　认识 3ds Max 2023 的常用工具

【任务描述】

能够熟悉 3ds Max 2023 的各种常用工具，掌握主工具栏中常用工具的用法，可以为后续学习打下基础。这些工具主要包括撤销、选择过滤器、选择对象、选择并移动、选择并旋转、选择并均匀缩放、参考坐标系、使用轴点中心、捕捉开关、角度捕捉切换镜像和对齐等。

【知识归纳】

1. 撤销

"撤销"工具（快捷键为 Ctrl+Z）用来撤销上一步执行的操作。连续单击"撤销"按钮会持续撤销上一步执行的操作，默认的最大撤销步数为 20。如果需要增加撤销的步数，执行"自定义"→"首选项"命令，在打开的"首选项设置"对话框的"常规"选项卡中设置"场景撤销"的"级别"为需要的撤销步数值，如图 3.33 所示。

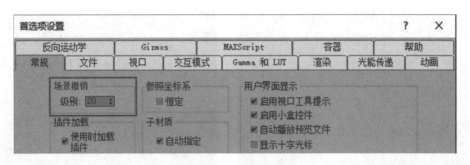

图 3.33　设置"场景撤销"的级别

> **小技巧**
>
> "级别"数值设置得越大，文件所占的内存就越多，该数值最好不要超过50。

2. 选择过滤器

"选择过滤器"工具用来过滤不需要选择的对象类型，这对批量选择同一种类型的对象非常有用，如图 3.34 所示。例如，在下拉列表中选择"L-灯光"选项后，在场景中选择对象时只能选择灯光，而几何体、图形、摄影机等对象不会被选中，如图 3.35 所示。

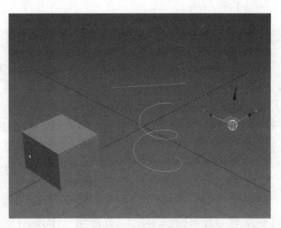

图 3.34　"选择过滤器"工具　　图 3.35　选择过滤器为"灯光"模式下选择物体的状态

3. 选择对象

"选择对象"工具（快捷键为 Q 键）用于选择场景中的对象，在只想选择对象而又不想移动它时，选择该工具并单击对象即可选择相应的对象，如图 3.36 所示。

选择对象的方法除单独选择，还可以加选、减选、反选和孤立选择。

选择对象、物体的隐藏和显示

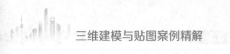
1）加选对象

如果当前已经选择了一个对象，同时还想加选其他对象，可以在按住 Ctrl 键的同时单击其他对象，如图 3.37 所示。

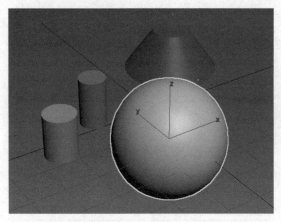

图 3.36 "选择对象"工具

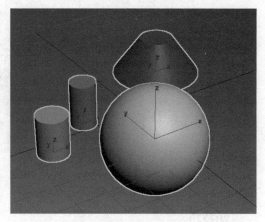

图 3.37 加选对象

2）减选对象

如果当前已经选择了多个对象，想减去某个不需要的对象，可以在按住 Alt 键的同时单击想要减去的对象，如图 3.38 所示。

3）反选对象

如果当前已经选择了某些对象，想要反选其他没被选择的对象，可以按快捷键 Ctrl+I 完成选择，如图 3.39 所示。

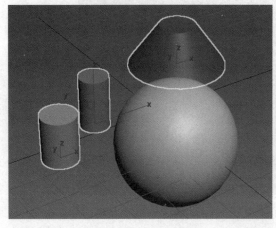

图 3.38 减选对象

图 3.39 反选对象

4）孤立选择对象

孤立选择对象是一种特殊的选择对象方法，可以将已选择的对象单独显示出来，以方便对其进行编辑，如图 3.40 所示。切换至孤立选择对象的方法主要有两种，一种是执行"工具"→"孤立当前选择"命令或直接按快捷键 Alt+Q；另一种是在视图中右击，然后在弹出的快捷菜单中选择"孤立当前选择"选项。

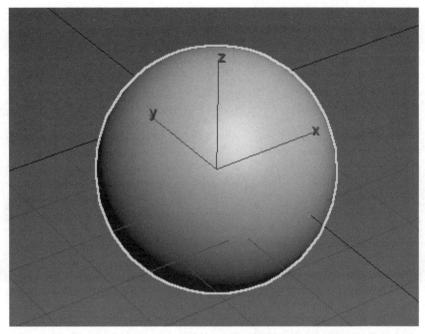

图 3.40　孤立选择对象

4. 选择并移动

　　"选择并移动"工具（快捷键为 W 键）用于移动对象的位置。当使用该
工具选择对象时，视图中会显示坐标移动控制器。在默认的四视图中，只有
透视视图显示的是 X 轴、Y 轴、Z 轴这 3 个轴向，而其他 3 个视图只显示其
中的某两个轴向，如图 3.41 所示。如果想移动对象，可以将光标放在某个轴
向上，然后按住鼠标左键进行拖曳，如图 3.42 所示。

移动、旋转和缩放

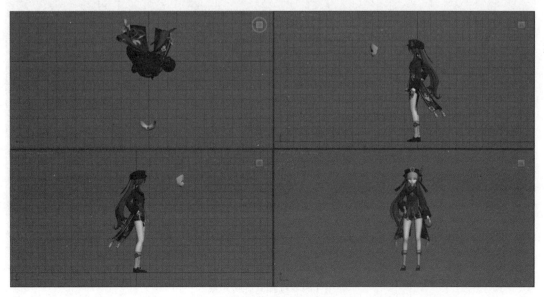

图 3.41　选择并移动对象

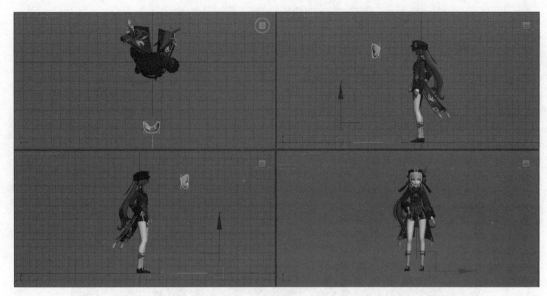

图 3.42　移动工具坐标轴

📦小技巧

　　按"＋"键或"－"键，可以放大或缩小坐标控制器。

5. 选择并旋转

　　"选择并旋转"工具（E键）用于选择并旋转对象，其使用方法与"选择并移动"工具相似。当该工具处于激活状态（选择状态）时，被选中的对象可以在X轴、Y轴、Z轴这3个轴上进行旋转，如图3.43所示。

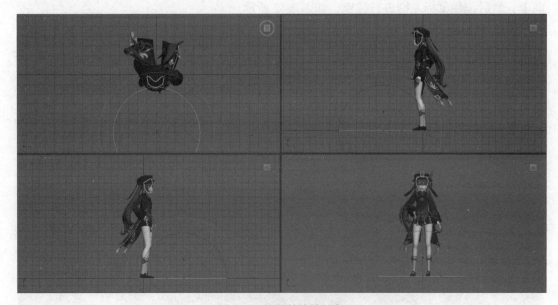

图 3.43　选择并旋转对象

6. 选择并均匀缩放

"选择并均匀缩放"工具（快捷键为 R 键）用于选择并均匀缩放对象，其工具栏中还包含"选择并非均匀缩放"工具和"选择并挤压"工具，如图 3.44 所示。

使用"选择并均匀缩放"工具可以沿 3 个轴以相同量缩放对象，同时保持对象的原始比例，如图 3.45 所示。

使用"选择并非均匀缩放"工具可以根据活动轴约束以非均匀方式缩放对象，如图 3.46 所示。

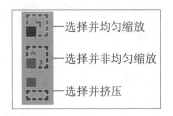

图 3.44 "选择并均匀缩放"工具栏

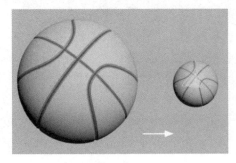

图 3.45 "选择并均匀缩放"效果

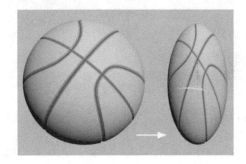

图 3.46 "选择并非均匀缩放"效果

使用"选择并挤压"工具可以创建挤压和拉伸效果，如图 3.47 所示。

7. 参考坐标系

"参考坐标系"工具是用来指定变换操作（如移动、旋转、缩放等）的坐标系统，包括"视图""屏幕""世界""父对象""局部""万向""栅格""工作""局部对齐""拾取"10 种坐标系，如图 3.48 所示。

参考坐标系

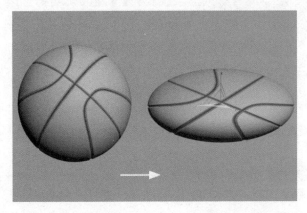

图 3.47 "选择并挤压"效果

图 3.48 参考坐标系

每种坐标系会按照不同的标准呈现坐标轴的方向。视图坐标系是系统默认的坐标系，不同的视图有不同的坐标轴，如图 3.49 所示。

世界坐标系在每个视图中的坐标显示方式均与视图左下角的世界坐标相吻合，如图 3.50 所示。

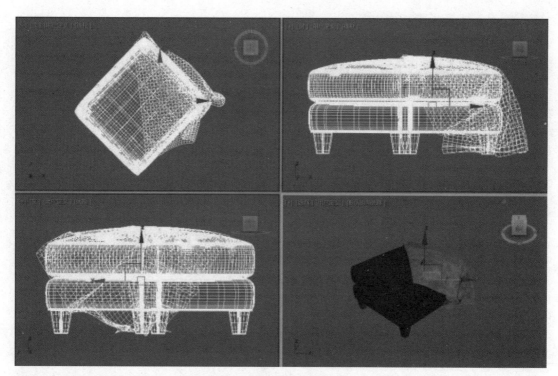

图 3.49　不同视图的坐标轴

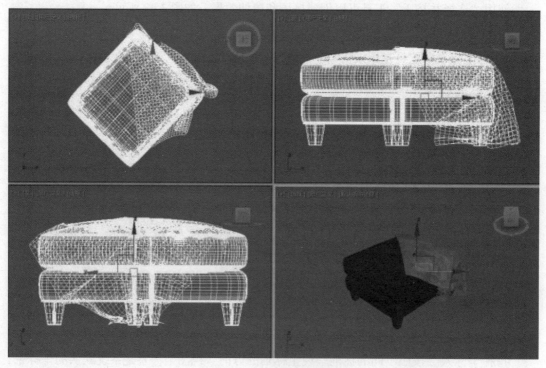

图 3.50　世界坐标系

　　"局部"坐标系会根据对象的法线显示坐标位置，如图 3.51 所示。其他坐标系类型在日常工作中运用不多，此处不再赘述。

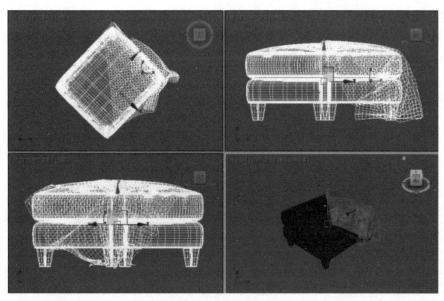

图 3.51 局部坐标系

8. 使用轴点中心

"使用轴点中心"工具包含 3 种工具，如图 3.52 所示。

使用轴点中心

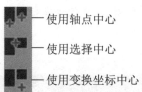

图 3.52 "使用轴点中心"工具栏

"使用轴点中心"工具是围绕其各自的轴点旋转或缩放一个或多个对象，如图 3.53 所示。

图 3.53 轴点

"使用选择中心"工具是围绕其共同的几何中心旋转或缩放一个或多个对象（如果变换多个对象，该工具会计算所有对象的平均几何中心，并将该几何中心作为变换中心），如图 3.54 所示。

图 3.54　几何中心

🎁 小技巧

　　关于轴点位置，当对象的轴点中心和几何中心重叠时，它们的轴心位置一致。

　　"使用变换坐标中心"工具是围绕当前坐标系的中心旋转或缩放一个或多个对象（当使用"拾取"功能将其他对象指定为坐标系时，其坐标中心在该对象的轴的位置上），如图3.55所示。

图 3.55　变换坐标中心

9. 捕捉开关

"捕捉开关"工具可以将对象精确拼合，该工具包含 3 种类型，分别是"2D 捕捉""2.5D 捕捉""3D 捕捉"，如图 3.56 所示。

使用"2D 捕捉"工具时，光标仅捕捉活动构造栅格，包括该栅格平面上的任何几何体，将忽略 Z 轴或垂直尺寸。换言之，光标仅捕捉栅格平面上的 X、Y 方向的点，以下用"线"工具捕捉"长方体"创建物体进行举例说明，如图 3.57 所示。

—2D捕捉
—2.5D捕捉
—3D捕捉

捕捉工具

图 3.56 "捕捉开关"工具栏

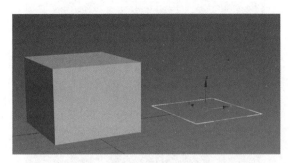

图 3.57 "2D 捕捉"仅捕捉栅格平面上的 XY 方向的顶点

使用"2.5D 捕捉"工具时，光标仅捕捉活动栅格上对象投影的顶点或边缘。换言之，它可以捕捉物体投影的位置，但使用捕捉到的点创建对象时，新创建出来的顶点均在 XY 平面上，如图 3.58 所示。

图 3.58 "2.5D 捕捉"能捕捉对象投影的点，但创建出来的物体仍在 XY 平面上

使用"3D 捕捉"工具时，光标直接捕捉到 3D 空间中的任何几何体。"3D 捕捉"工具用于创建和移动所有尺寸的几何体，而不考虑构造平面，如图 3.59 所示。

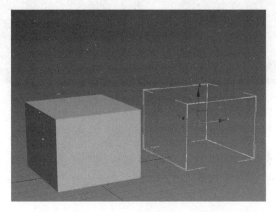

图 3.59 "3D 捕捉"可以捕捉到 XYZ 任何方向的顶点

捕捉点的设置方法是在"捕捉开关"工具上右击,在打开的"栅格和捕捉设置"面板中可以设置捕捉类型和其他相关选项,如图3.60所示。

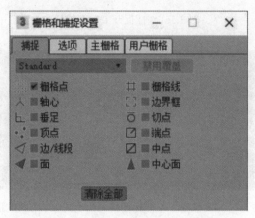

图 3.60 "栅格和捕捉设置"面板

10. 角度捕捉切换

"角度捕捉切换"工具(快捷键为 A 键)用于指定捕捉的角度。激活该工具后,所有的旋转变换都将受到影响。默认状态下,模型以 5° 为增量进行旋转,如图 3.61 所示。

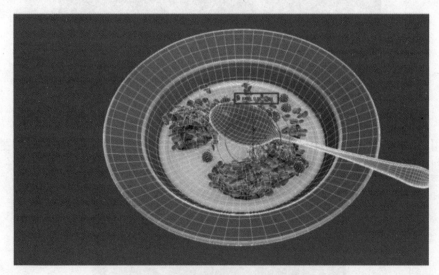

图 3.61 "角度捕捉切换"工具

若要更改旋转增量,可以在"角度捕捉切换"工具上右击,然后在弹出的"栅格和捕捉设置"面板的"选项"选项卡中设置"角度"数值以控制旋转的角度,如图3.62所示。

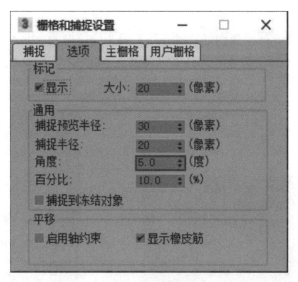

镜像工具

图 3.62 "栅格和捕捉设置"面板的"选项"选项卡

11. 镜像

"镜像"工具可以围绕一个轴心镜像出一个或多个副本对象。选中要进行镜像的对象后，单击"镜像"工具，打开"镜像：世界坐标"对话框，在该对话框中对"镜像轴""克隆当前选择""镜像 IK 限制"进行设置，如图 3.63 所示。

在"镜像：世界坐标"对话框中，首先要对"镜像轴"进行设置，只有确定了镜像轴的方向，才能进行后续的操作。图 3.64 所示是将一个茶壶模型以轴镜像后的效果。

图 3.63 "镜像：世界坐标"
对话框

图 3.64 镜像效果

设置"镜像轴"后，对象会按照镜像轴的方向转变，原有的对象并不会保留。如果既要保留原有的对象，又要生成镜像对象，就需要在"克隆当前选择"选项组中选择"复制"或"实例"选项，如图 3.65 所示。

12. 对齐

"对齐"工具包括6种，分别是"对齐"工具（快捷键为Alt+A）、"快速对齐"工具（快捷键为Shift+A）、"法线对齐"工具（快捷键为Alt+N）、"放置高光"工具（快捷键为Ctrl+H）、"对齐摄影机"工具和"对齐到视图"工具，如图3.66所示。

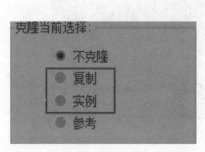

图3.65　"克隆当前选择"选项组　　　图3.66　"对齐"工具

图3.67所示是圆柱体模型与长方体模型轴点对齐的设置方法。此时，圆柱体模型以长方体模型为目标对象进行轴点对齐，圆柱体模型放置在长方体模型轴点中心的正下方。

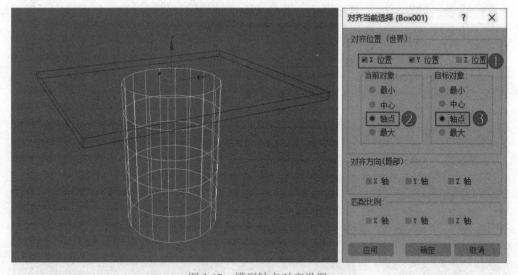

图3.67　模型轴点对齐设置

【任务实施】

1. 用捕捉开关工具拼合桌子

步骤1：准备5个模型，即1个立方体和4个四方柱，如图3.68所示。

图 3.68　拼合模型实例

步骤 2：在 "2.5D 捕捉" 工具上右击，在打开的 "栅格和捕捉设置" 面板中勾选 "顶点" 选项，如图 3.69 所示。

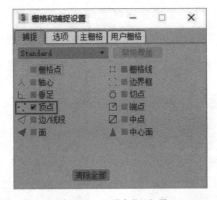

图 3.69　"顶点" 选项

步骤 3：切换到顶视图，然后使用 "选择并移动" 工具选中一个桌腿模型，接着将其移动到桌面模型的边角处，两个模型在相遇时会产生自动吸附的效果，如图 3.70 所示。

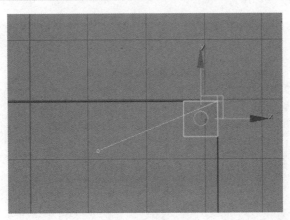

图 3.70　桌腿模型

步骤 4：按照步骤 3 的方法，将其他 3 个桌腿模型也移动到桌面模型对应的边角处，如图 3.71 所示。

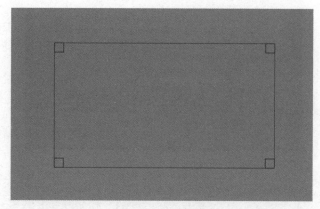

图 3.71　移动桌腿

步骤5：切换到前视图，可以发现桌面模型处于桌腿模型的中间位置，如图 3.72 所示。同样使用"选择并移动"工具将桌面模型与桌腿模型的顶部对齐，如图 3.73 所示。

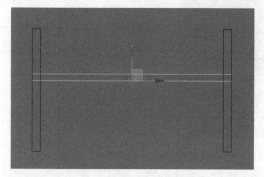

图 3.72　前视图

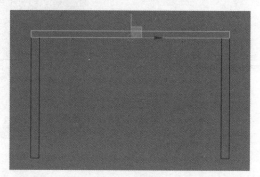

图 3.73　顶部对齐

步骤6：切换到透视视图，拼合完成的桌子模型如图 3.74 所示。

图 3.74　桌子模型

2. 用对齐工具摆放积木

步骤 1： 准备三个模型，即一个立方体、一个圆柱体、一个圆锥体，如图 3.75 所示。

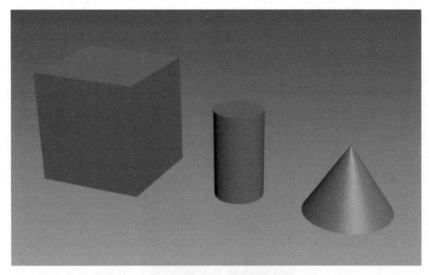

图 3.75　几何模型

步骤 2： 选中圆柱体模型，然后在主工具栏中单击"对齐"按钮 ，接着在视图中选中立方体模型，此时系统会弹出"对齐当前选择"对话框，勾选"X 位置"和"Y 位置"选项，设置"当前对象"为"中心"、"目标对象"为"中心"，并单击"应用"按钮，如图 3.76 所示。圆柱体模型和立方体模型会呈现中心对齐效果，如图 3.77 所示。

图 3.76　"对齐当前选择"对话框（1）

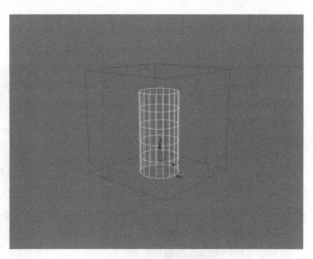

图 3.77　中心对齐效果

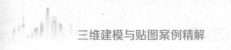

小技巧

"应用"按钮与"确定"按钮的区别

单击"应用"按钮后，模型会按照设置的参数自动对齐，"对齐当前选择"对话框不会关闭，可以进行下一步的对齐操作。单击"确定"按钮后，模型会按照设置的参数自动对齐，但"对齐当前选择"对话框会关闭。

步骤 3：继续在"对齐当前选择"对话框中勾选"Z 位置"选项，设置"当前对象"为"最小"、"目标对象"为"最大"，单击"确定"按钮后退出对话框，如图 3.78 所示。

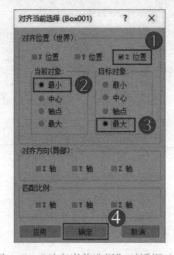

图 3.78　"对齐当前选择"对话框（2）

步骤 4：按照相同的方法将圆锥体模型与圆柱体模型的顶部中心位置对齐，效果如图 3.79 所示。

步骤 5：向右侧镜像复制一个整体模型，最终效果如图 3.80 所示。

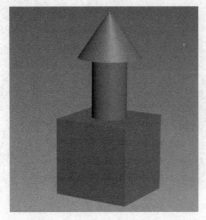

图 3.79　圆锥体和圆柱体模型

图 3.80　镜像模型效果

任务 3.3　3ds Max 2023 的常规设置

【任务描述】

对于刚刚接触 3ds Max 2023 的读者来说，掌握其基本操作是进一步学习的基础。通过本任务的学习，要求读者掌握对场景文件及快捷键设置的基本操作。

【知识归纳】

3ds Max 2023 的常规设置

1. 单位设置

在导入或创建几何体之前正确设置系统单位，可以为后续的工作带来方便。执行"自定义"→"单位设置"命令，打开"单位设置"对话框，如图 3.81 所示。通过该对话框，可以在我国的法定计量单位和英制单位（英尺、英寸）之间进行选择，也可以创建自定义单位，以便在创建任何对象时使用。

2. 文件操作

中文版 3ds Max 2023 的文件处理命令用于创建、打开、合并和保存场景，导入和导出其他格式的三维文件，查看二维图像文件，显示或更改场景文件属性，退出 3ds Max 2023 等操作。通过这些命令调出相应的对话框后，可以对文件的参数进行设置。

图 3.81　"单位设置"对话框

3ds Max 2023 支持的常见文件格式有以下几种。

1）FBX

FBX 是 MotionBuilder（一款专业的三维角色动画和运动捕捉软件）固有的文件格式，该文件格式的模型可用于创建、编辑和混合运动捕捉和关键帧动画。FBX 格式的文件可使用 3ds Max 导入、导出，并可以与 Autodesk Revit Architecture 共享数据。Maya、SOFTIMAGE 3D 和 Autodesk Toxik 也使用 FBX 格式，因此可以说该格式是上述应用程序之间的桥梁。

2）3D Studio 网格（*.3DS、*.PRJ）

3DS 是 3D Studio 网格文件格式，只能导出模型文件和灯光，无法附带模型的纹理，是一种比较初级的文件格式。

PRJ 是一种常见的文件格式，用于存储项目文件或工程文件的相关信息。

3）AutoCAD 图形（*.DWG、*.DXF）

DWG 是 AutoCAD 绘图软件生成的文件格式，可以导入 3ds Max 中成为二维图形。导入绘图文件时，可将 AutoCAD、AutoCAD 建筑或 Revit 对象的子集转换为相应的 3ds Max 对象。

DWG 是 AutoCAD 绘图交换文件格式，用于 AutoCAD 与其他软件之间进行 CAD 数据交换。

4）原有 AutoCAD（DWG）

3ds Max 7.0 之后的版本采用的 AutoCAD DWG/DXF 导入选项对话框较之前版本有许多改进之处，包括增强的 DWG 兼容性以及更强大的用户控制和可自定义性。然而，该导入选项对话框缺少了旧版本中关于 DWG 导入器的一些功能，3ds Max 7.0 之后的版本仍旧保留了过去的 DWG 导入功能。

5）Flight Studio OpenFlight（FLT）

OpenFlight 格式是视觉仿真领域流行的标准文件格式，可使用 3ds Max 2023 导入和导出 OpenFlight 文件，还可以使用 Flight Studio 工具创建和编辑该格式文件中的对象和属性。

（1）新建场景文件。

新建场景文件有 3 种方法。

第一种，启动 3ds Max 2023 后，系统会自动创建一个名为"无标题"的场景文件。

第二种，通过执行"文件"→"新建"命令创建新的场景文件，使用此方法创建的场景文件时，如果场景中已有模型，3ds Max 会弹出对话框询问是否保存，单击"保存"按钮即可保留原场景内容，"保存场景"对话框如图 3.82 所示，如果场景中无模型，则直接新建场景文件。

第三种，通过执行"文件"→"重置"命令创建场景文件，此时创建的场景文件与启动 3ds Max 2023 时创建的场景文件完全相同。

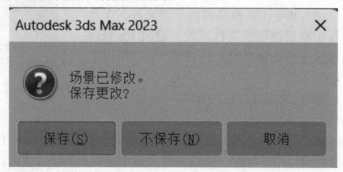

图 3.82 "保存场景"对话框

（2）保存场景文件。

对于已保存过的场景，只需执行"文件"→"保存"命令，系统将保存当前场景文件。对于未保存过的场景，则会弹出如图 3.83 所示的"文件另存为"对话框，从对话框的"保存在"下拉列表中选择文件的保存位置，并在"文件名"文本框中输入文件的名称，然后单击"保存"按钮完成场景的保存。

在进行三维设计时，经常需要从其他场景文件中调用已创建好的模型到当前的场景中，避免重新创建模型，这时需要用到场景文件的"合并"功能。执行"文件"→"导入"→"合并"命令，打开"合并文件"对话框，从"查找范围"下拉列表中选择场景文件存放的文件夹，并选中要导入模型的 MAX 文件；然后单击"打开"按钮，打开"合并"对话框，从"合并"对话框左侧的对象名列表中选中要合并到场景中的对象（按 Ctrl 键可以选择多个），单击"确定"按钮，完成场景的合并，如图 3.84 所示。

图 3.83　保存场景文件

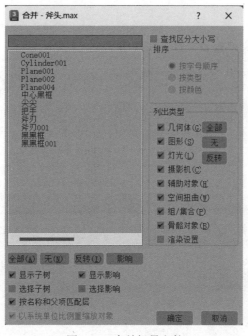

图 3.84　合并场景文件

3. 快捷键定制

执行"自定义"→"自定义用户界面"命令，弹出"自定义用户界面"对话框，在"鼠标"选项卡中可以进行快捷键的设置，如图 3.85 所示。

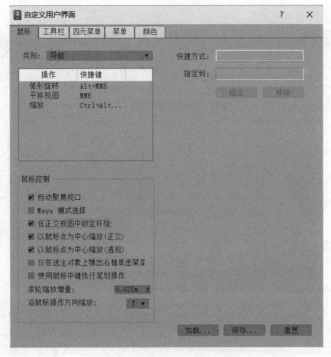

图 3.85　"自定义用户界面"对话框

【任务实施】

通过以下步骤自定义"查看文件"快捷键。

步骤 1： 执行"自定义"→"热键编辑器"命令。

步骤 2： 在"热键编辑器"对话框的"热键集"中选择"3ds Max 默认键集"选项。在"组"下拉列表中选择"主 UI"项，在搜索列表框中搜索"查看文件"选项，如图 3.86 所示。

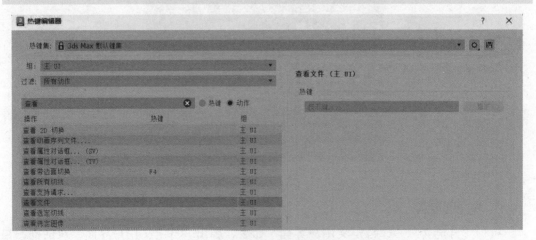

图 3.86　选择"查看文件"选项

步骤 3：将鼠标光标移至"热键"文本框中并单击，输入 Ctrl+Q，如图 3.87 所示。

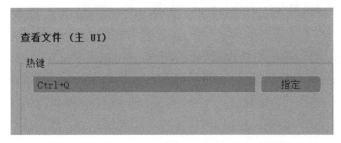

查看文件（主 UI）

热键

Ctrl+Q   指定

图 3.87　设置快捷键

步骤 4：单击图 3.87 中的"指定"按钮，图 3.86 中左边的"查看文件"选项后会显示设置的快捷键，如图 3.88 所示。

查看属性对话框...（TV）		主 UI
查看带边面切换	F4	主 UI
查看所有切线		主 UI
查看支持请求...		主 UI
查看文件	Ctrl+Q	主 UI
查看选定切线		主 UI
查看选定图像		主 UI
查看选定曲线		主 UI

图 3.88　显示设置的快捷键

步骤 5：如果想修改其他快捷键，可按上述步骤重新设置快捷键，设置完成后，关闭"热键编辑器"对话框，测试自定义快捷键是否生效。

任务 3.4　材质编辑器

【任务描述】

读者能够认识、熟悉 3ds Max 软件的中材质编辑器，掌握其基本功能、作用和设置，为后续的模型编辑打下基础。

材质编辑器

【知识归纳】

材质编辑器用于创建、改变和应用场景中的模型物体表面。可用的材质取决于活动渲染器，材质编辑器中有如下常用工具。

1. 材质编辑器窗口

材质编辑器窗口（M 键）有两种模式，一种是精简模式，另一种是 slate 模式。

2. 材质球

按 M 快捷键，可以弹出材质编辑器，这个窗口可以看到 6 个小球，是材质样本球或材质样本框（共有 24 个材质球），在材质球上右击并选择"6×4 示例窗"选项可以显示全部材质球。

3. 采样类型

"采样类型"可以切换视图中样本球的形状。

4. 背光

"背光"可以显示样本球上反射背光，默认是启用（点亮）的。

5. 背景

"背景"用于在样本球上观察预览是否有透明通道或代折射效果。

6. 采样 UV 平铺

"采样 UV 平铺"通常适用于布料、沙发等平铺的模型上。

7. 材质贴图导航器

"材质贴图导航器"可以看到材质图层。

8. 获取材质

"获取材质"里有很多材质，可选择使用。

9. 重置材质

"重置材质"可以删除材质球或单独的样本球。

【任务实施】

步骤 1： 按快捷键 M 打开材质编辑器，如图 3.89 所示。

步骤 2： 在场景中任意创建几何模型（见图 3.90）。

步骤 3： 先选择一个对象，然后在"材质编辑器"中选择一个材质球（见图 3.91），单击"材质"→"指定给当前选择"按钮，将材质指定给选定对象。

步骤 4： 通过调整材质球中漫反射的颜色来改变相应物体的颜色。

步骤 5： 重命名相应的材质名称，更直观地了解材质类型的调整。

步骤 6： 在"材质编辑器"中通过右击一个材质球调整材质球的显示数量（见图 3.92）。

图 3.89　材质编辑器

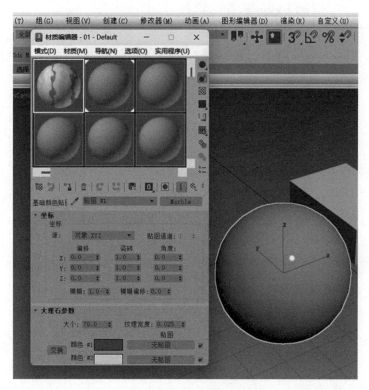

图 3.90　几何模型

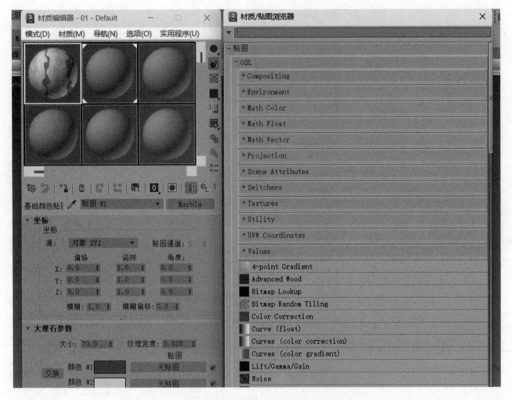

图 3.91 "材质球"窗口

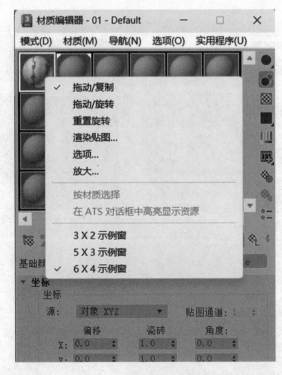

图 3.92 材质球的显示数量

项目 4

3ds Max 2023 的常用建模方法

项目导读

本项目通过详细介绍 3ds Max 2023 界面的各个建模功能，带领读者了解如何有效地利用 3ds Max 进行建模操作，如何在视图区中进行操作，并重点介绍关于建模的操作及常用命令。读者将学习如何进行建模，如何使用建模常用工具来创建和编辑物体，以及如何创建基本体、样条线，使用常见修改器、编辑多边形和复合对象。

通过完成本项目，读者将具备基本的 3ds Max 建模技能，能够自如地使用软件的各项建模工具。

学习目标

- 了解 3ds Max 2023 的常用建模对象。
- 掌握建模的各种常用操作方法。
- 掌握多边形编辑器和复合对象的常用操作方法。

职业素养目标

- 具备良好的专业能力。
- 能够熟练运用 3ds Max 的建模操作方法，为今后的学习及职业发展打下坚实的基础。

职业能力要求

- 具有清晰的三维建模思路。
- 能使用工具更好地制作三维模型实例。
- 理论知识与实际需求相结合。

项目重难点

项目内容	工作任务	建议学时	技 能 点	重 难 点	重要程度
项目4　3ds Max 2023 的常用建模方法	任务 4.1　标准基本体	0.5	常用的可创建基本体的方法	掌握标准基本体和工具栏的使用方法	★★☆☆☆
	任务 4.2　样条线建模	1	常用样条线建模的操作方法	掌握常用样条线建模的各种操作及常用命令	★★★☆☆
	任务 4.3　常用修改器	2	常用修改器的使用方法	熟练操作各种常用修改器的使用方法	★★★★☆
	任务 4.4　编辑多边形	2	编辑和转换多边形的使用方法	熟练使用各种编辑多边形的操作方法	★★★★☆
	任务 4.5　复合对象	3	复合对象的使用方法	掌握复合对象的使用方法	★★★★★

任务 4.1　标准基本体

【任务描述】

本任务主要介绍 3ds Max 建模常用基本体。通过对本任务的学习，读者可以掌握如何创建、编辑常用建模基本体。

【知识归纳】

标准基本体

常用标准基本体主要有以下 11 种，如图 4.1 所示。

图 4.1　各种常用基本体

1. 长方体

长方体是最简单的基本体，立方体是其变形，可以通过改变比例来制作不同种类的矩形对象，如大而平的面板、板材、高圆柱以及小块等。

2. 圆锥体

可通过圆锥体这一基本体的直立、反转、截断操作生成圆形圆锥体。

3. 球体

球体基本体可用于生成完整的球体或球体的水平部分，如半球，还可以围绕球体的垂直轴对其进行切片。

4. 几何球体

使用几何球体基本体可以基于三类规则多面体制作球体和半球。

5. 圆柱体

圆柱体基本体用于生成圆柱体，可以围绕其主轴进行"切片"。

6. 管状体

管状体基本体用于生成带有同心孔的圆柱体，该图形可以是圆形或棱柱。

7. 圆环

圆环基本体可用于生成具有圆形横截面的环，有时称为圆环。可以将平滑选项与旋转和扭曲设置组合使用，以创建复杂的变体。

8. 四棱锥

四棱锥基本体拥有方形或矩形底部和三角形侧面。

9. 茶壶

茶壶基本体用于生成由壶盖、壶身、壶柄、壶嘴组成的合成对象。可以选择制作整个茶壶（默认设置）或茶壶的某部分。茶壶是参量对象，因此在创建之后可选择显示茶壶的哪些部分。

10. 平面

平面对象是特殊类型的平面多边形网格，可在渲染时无限放大，可以放大分段的大小和数量。使用平面对象来创建大型地平面并不会妨碍视口中的工作。读者可以将任何类型的修改器应用于平面对象（如置换），以模拟陡峭的地形。

11. 加强型文本

加强型文本提供了内置文本对象，可以用于创建样条线轮廓或实心、挤出、倒角几何体。通过其他选项可以为每个角色应用不同的字体和样式并添加动画和特殊效果。

> ◈ 小技巧
>
> 单击任何一个可创建物体的按键后，如要结束创建，在视图中右击并选择相关选项即可。

【任务实施】

步骤 1: 3ds Max 的命令面板在视图右侧，➕代表可创建的模型或图形。标准基本体如图 4.2 所示。

步骤 2：单击下面的几何体（见图 4.3），在视图中按住鼠标左键不放并直接拖动，可拖出几何体在平面上的长度和宽度；松开左键，几何体能跟随鼠标指针变换高度；再次单击，即可确定该几何体的高度，也可以通过在面板中输入数值的方式创建几何体。

图 4.2 "标准基本体"面板

图 4.3 生成基本体

步骤 3：参照长方体创建的方式，创建圆锥体。按住鼠标左键不放并直接拖动，拖出圆锥体在平面上的宽度；松开左键，圆锥体能跟着鼠标指针变换高度，单击以确定高度；继续将视图左右拖动，再单击以确定圆锥体的锥度。

步骤 4：标准基本体的所有图形均可用同样的方式在视图中创建并编辑。

步骤 5：创建完成之后，使用快捷键 R 键调整几何体的大小，也可以通过修改面板中的数值来调整已创建好的几何体。

任务 4.2 样条线建模

样条线建模

【任务描述】

本任务主要介绍 3ds Max 的常用样条线建模。通过本任务的学习，读者可以掌握常用样条线建模的基本操作，并加深对 3ds Max 软件的了解。

【知识归纳】

样条线建模以线条（如线、矩形、圆形等）为基础，并施加一个或多个修改器命令，使其生成三维实体模型的建模方式，常见的样条线如图 4.4 所示。

图 4.4　"样条线"面板

1. 线

使用"线"可创建多个分段组成的自由形式样条线。

2. 矩形

使用"矩形"可以创建方形和矩形样条线。

3. 圆

使用"圆"可创建由 4 个顶点组成的闭合圆形样条线。

4. 椭圆

使用"椭圆"可以创建椭圆形和圆形样条线。

5. 弧

使用"弧"可创建由 4 个顶点组成的打开和闭合部分圆形。

6. 圆环

使用"圆环"可通过两个同心圆创建封闭的形状，且每个圆均由 4 个顶点组成。

7. 多边形

使用"多边形"可创建具有任意面数或顶点数的闭合平面或圆形样条线。

8. 星形

使用"星形"可创建具有很多点的闭合星形样条线。星形样条线使用两个半径来设置外部点和内谷之间的距离。

9. 文本

使用"文本"可创建文本图形的样条线。

10. 螺旋线

使用"螺旋线"可创建开口平面、三维螺旋线或螺旋。

11. 卵形

使用"卵形"可创建卵形图形。

12. 截面

截面是一种特殊类型的样条线，可以通过几何体对象基于横截面切片生成图形。

13. 徒手

使用"徒手"可在视口中直接创建手绘样条线。

【任务实施】

通过以下步骤创建样条线。

单击 ▦，将创建对象切换为 ▦，即可创建样条线，如图 4.4 所示。

> 🏵 小技巧
>
> 在创建线形样条线时可以使用鼠标在步长之间平移和环绕视口。若要平移视口，需按住鼠标中键拖动或滚动鼠标滚轮。若要环绕视口，按住Alt键的同时并按住鼠标中键拖动或滚动鼠标滚轮。

步骤 1： 创建样条线，在右侧栏里单击"线"按钮；将鼠标指针移动至视图，单击可显示点和线；然后，在视图的其他空位置再次单击，可以延长线条。如果中间线条过长，可以按 Backspace 键删除已生成的线；结束延长可以选择右击；单击最初生成的点可以形成闭环。

步骤 2： 此时弹出一个对话框，如图 4.5 所示。单击"是"按钮，即可创建一条闭环的线。

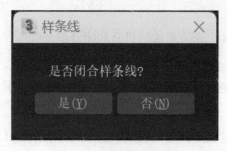

图 4.5 "样条线"对话框

步骤 3： 在"创建方法"面板中设置"初始类型"为"角点"，则会创建锐角；设置"初始类型"为"平滑"，则后续在视图中单击已创建的线会生成柔角。将"拖动类型"设置为 Bezier，在视图中单击直线，按住并拖动会变为柔线，如图 4.6 所示。

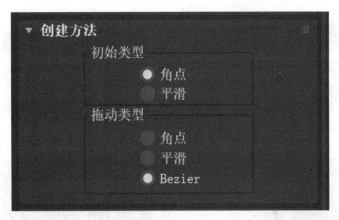

图 4.6　"创建方法"面板

　　步骤 4："初始类型"用于设置当单击顶点位置时所创建顶点的类型。设置为"角点"则会产生一个尖端。样条线在顶点的任意一边都是线性的。设置为"平滑"时，则会通过顶点产生一条平滑、不可调整的曲线，并可由顶点的间距来设置曲率的数量。

　　步骤 5："拖动类型"用于设置当拖动顶点位置时所创建顶点的类型。顶点位于第一次按下鼠标左键时，指针所在位置。拖动的方向和距离仅在创建 Bezier 顶点时产生作用，角点处会产生一个尖端，样条线在顶点的任意一边都是线性的。设置为"平滑"则会通过顶点产生一条平滑、不可调整的曲线，并由顶点的间距来设置曲率的数量。设置为 Bezier，则会通过顶点产生一条平滑、可调整的曲线。可通过在每个顶点拖动鼠标来设置曲率的值和曲线的方向。

　　步骤 6：生成的线也可以通过"插值"来调整；曲线弧度不够圆滑可以调整步数，也可勾选"自适应"选项，如图 4.7 所示。

图 4.7　"插值"面板

　　步骤 7：单击矩形工具，在视图中按住鼠标左键并拖动，确定好大小后松开鼠标左键即可完成矩形的创建，如图 4.8 所示。

　　步骤 8：通过"参数"中的"角半径"调整矩形 4 个角的弧度，如图 4.9 所示。

　　步骤 9：选中视图中生成的线，进入修改器列表，单击"顶点"选项（快捷键 2）。按 W 键拖动，使点变形，并编辑，如图 4.10 所示。选中线上的顶点并右击可以将其修改为"平滑"（见图 4.11）。

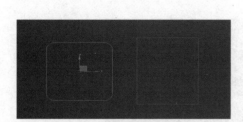

图 4.8　矩形

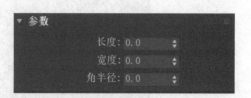

图 4.9　"参数"面板

图 4.10　顶点

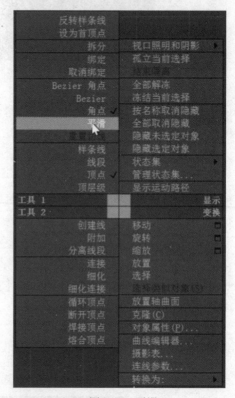

图 4.11　平滑

也可以将点修改为"Bezier 角点",按 W 键拖动并单击控制杆,以编辑点为中心两面调整线的走向,如图 4.12 所示。将"点"修改为 Bezier,生成同向的控制杆,如图 4.13 所示。

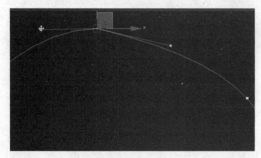

图 4.12　编辑点

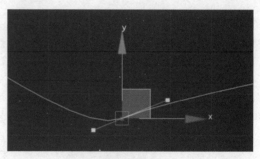

图 4.13　控制杆

步骤 10： 单击"附加"按钮，再在视图中单击其他线就可以将其合并成为一体，如图 4.14 所示。附加时可选"附加多个"对话框同时附加多个物体，使其合并成一个，如图 4.15 所示。

图 4.14 "附加"按钮

图 4.15 附加多个

步骤 11： 在视图中把两个点拖至较近位置，选择这两个点并单击"焊接"按钮可以使其闭合，其数值可以在一定距离之内起到快速"焊接"的作用，如图 4.16 所示。

图 4.16 焊接点

步骤 12： 框选两个点，单击"熔合"按钮就可以使两个点合并在一起，但其合并点的位置是两点之间的随机位置。

步骤 13： 线上点中的黄色点为首顶点，随机选中一个点并单击"设为首顶点"，可以将其设置为首顶点。随机选中一个点，按 Delete 键可删除该点。

步骤 14： 在"修改器"面板选择 Line → "线段"（快捷键 2）选项，选中视图中的线段，这样可以编辑线段，该线段是指两点之间的线段。选中线，按 Delete 键可以将其删除。

拆分线：选中视图中的线，在"拆分"按钮后面数值框里输入数值，即可按当前数值将线的长度平均拆分成多段，如图 4.17 所示。

步骤 15：选中视图中的线并单击，将其分离。在"分离"对话框中输入分离后的图形名称并单击"确定"按钮（见图 4.18），即可把选中的线分离成另外的图形。

步骤 16：修改器"样条线"（快捷键 3）下的轮廓可以为视图中的线图形增加一个同比例的轮廓线，后续再用"轮廓"按钮后面的数值调整轮廓线的大小，如图 4.19 所示。

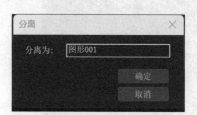

图 4.18　"分离"对话框

图 4.17　"分离线"面板

图 4.19　轮廓

步骤 17：在修改器的"渲染"面板中勾选"在视口中启用"选项（见图 4.20），即可生成带厚度的线条（见图 4.21）。

图 4.20　"在视口中启用"选项

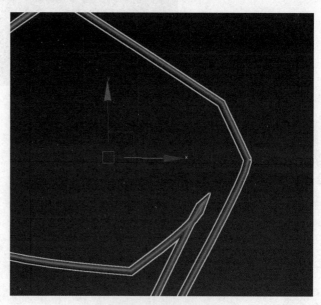

图 4.21　有厚度的线

可通过右边修改面板的"厚度"栏数值调整厚度（见图 4.22）；"边"的数值越小，其图形棱边越明显，如图 4.23 所示。

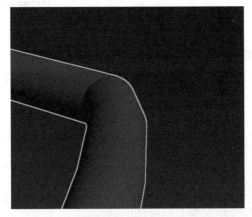

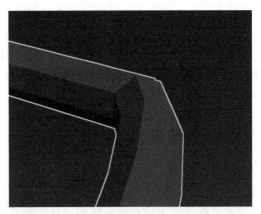

图 4.22　用"厚度"参数调整样条线粗细　　　图 4.23　用"边"参数调整样条线的边数

单击矩形，将其变为方形后，可按如图 4.24 所示来调整数值。

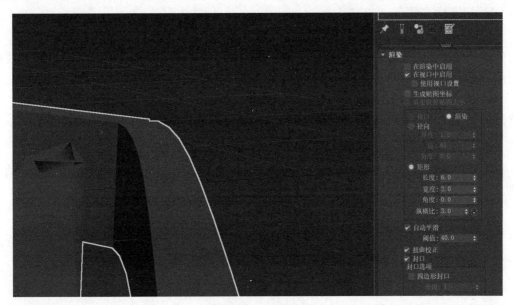

图 4.24　方形样条线

步骤 18：勾选"在渲染中启用"选项（见图 4.25），可以在渲染器里预览将要渲染编辑的图形。

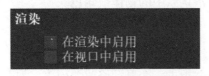

图 4.25　"在渲染中启用"选项

常用修改器

任务 4.3 常用修改器

【任务描述】

对于学习了一部分 3ds Max 软件基本操作的读者来说，掌握 3ds Max 中常用修改器的使用方法极其重要。本任务主要介绍 3ds Max 的常用修改器，通过对本任务的学习，读者可掌握常用修改器的使用方法和基本操作。

【知识归纳】

修改器列表是 3ds Max 界面中的一个面板，常用修改器是 3ds Max 中用于编辑和变形三维模型的工具集合。它们均可应用于模型，以改变其外观、形状和动画效果。通过修改器列表可以快速编辑和调整模型，直观地查看和管理对象上已应用的修改器。

1. 车削修改器

车削修改器通过绕轴旋转一个图形或 NURBS 曲线来创建三维对象。

2. 扫描修改器

扫描修改器用于沿着基本样条线或 NURBS 曲线路径"挤出"横截面。可以处理一系列预制的横截面，如角度、通道和宽面法兰，也可以使用自己的样条线或 NURBS 曲线作为自定义截面。

在遇到创建结构钢细节、建模细节或任何需要沿着样条线"挤出"截面的情况时，它类似于"放样"复合对象，但两者相比，扫描修改器是一种更有效的方法。

3. 切角修改器

在切角功能的基础上，切角修改器提供了扩展的功能集，包括通过折缝权重驱动曲率、添加插入项功能以及一系列输入和输出选项等。

4. 弯曲修改器

弯曲修改器允许围绕单一轴将当前选定对象最多弯曲 360°。允许在 3 个轴中的任何一个轴上控制弯曲的角度和方向，也可以将"弯曲"限制为几何体的一部分。

5. 重置变换修改器

使用重置变换修改器可以将对象的旋转和缩放值置于修改器堆栈中，并将对象的轴点和边界框与"世界"坐标系对齐。同时，也可以移除选定对象的所有"旋转"和"缩放"值，并将这些变换置于"变换"修改器中。

6. 涡轮平滑修改器

涡轮平滑修改器用于平滑场景中的物体或角色。

【任务实施】

在视图中创建一个物体并单击，会显示修改器列表，如图 4.26 所示。

图 4.26　修改器列表

右击修改器列表后面的倒三角小图标█可进行修改器界面设置，在弹出的"配置修改器集"对话框中单击显示按钮，可以显示软件默认的 7 个功能按钮。然后再右击倒三角小图标，在弹出的"配置修改器集"对话框中按所需功能输入相应的按钮总数，如图 4.27所示。

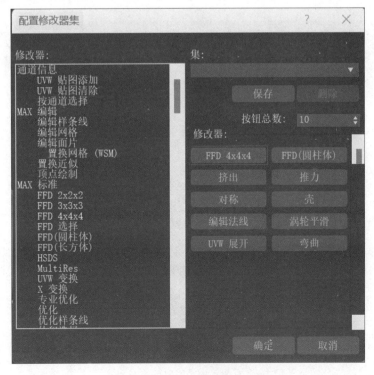

图 4.27　"配置修改器集"对话框

在修改器列表中找到所需的功能，按住鼠标左键的同时将其拖到按钮总数下面的框中即可；如不想要，再拖回修改器中即可。

1. 使用车削修改器

步骤1：用样条线在视图中编辑出一个闭合的轮廓，如图4.28所示。

步骤2：在修改器列表中寻找"车削"，在下方的"对齐"选项下单击"最大"按钮，如图4.29所示。

图4.28　闭合的轮廓　　　　　　　图4.29　对齐选择"最大"按钮

步骤3：可在"参数"面板中调整度数，此工具常用于碗、花瓶等均匀道具的制作，如图4.30所示。

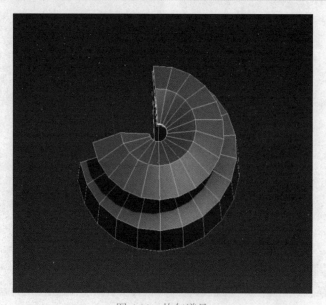

图4.30　均匀道具

2. 使用扫描修改器

步骤 1： 用样条线在视图中创建一个 S 形，并在旁边创建一个星形，如图 4.31 所示。

图 4.31　星形

步骤 2： 选中星形的样条线并右击，将其转换为可编辑样条线（见图 4.32）。

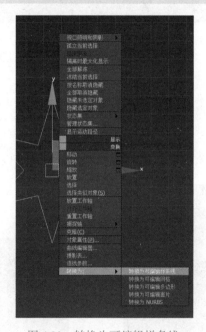

图 4.32　转换为可编辑样条线

步骤 3： 选中 S 形样条线，在修改器列表中找到"扫描"，在截面类型中选择"自定义截面"，单击"拾取"按钮，拾取当前视图中的星形样条线，这样就可以将 S 形样条线的形状改为星形，如图 4.33 所示。

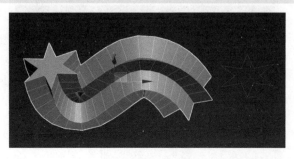

图 4.33　S 形样条线

步骤 4：选中星形样条线，在修改器页面可编辑样条线的顶点模式下选中星形的点，按 W 拖动，在编辑时可以看到两个不同的样条线。通过改变其中一条的形状可同步改变另一条的形状，如图 4.34 所示。

图 4.34　同步改变形状

3. 使用弯曲修改器

步骤 1：在视图中创建长方体，在其"参数"面板中完成对长度分段、宽度分段、高度分段的设置，如图 4.35 所示。

步骤 2：在修改器列表中选择"弯曲"选项（见图 4.36）。

图 4.35　段数的相关参数

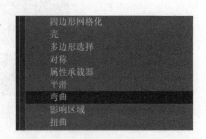

图 4.36　选择"弯曲"选项

步骤 3：在弯曲参数角度一栏里输入弯曲的角度即可，最后效果如图 4.37 所示。

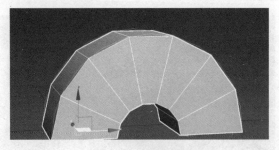

图 4.37　弯曲效果

编辑多边形

任务 4.4 编辑多边形

【任务描述】

本任务主要介绍 3ds Max 的常用建模对象。通过对本任务的学习，读者可以掌握对建模对象的点、线、面的操作，如焊接、连接、移除、切割、塌陷、分离和网格平滑等。

【知识归纳】

建模有一些重要且常用的命令，这些命令基本贯穿了建模的整个过程。若想执行这些命令均需将基本体转化为"可编辑多边形"，随后在"可编辑多边形"命令下进行操作，如图 4.38 所示。

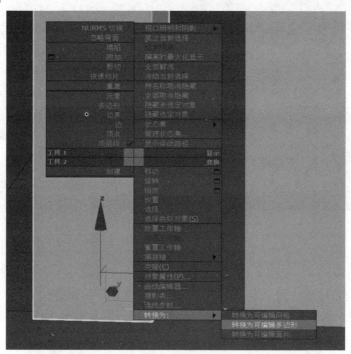

图 4.38 "转换为可编辑多边形"命令

1. 可编辑多边形之焊接

在视图中创建物体并将其转换为可编辑多边形后，依次单击"修改面板"→"可编辑多边形顶点"模式→"编辑顶点"→"焊接"（见图 4.39），单击右边的小窗口。在视口中显示数值的小工具中输入所需顶点距离的数值，选中几何体的两个或多个顶点，如图 4.40（a）所示，单击对钩按钮即可焊接选中的顶点，效果如图 4.40（b）所示。

图 4.39 编辑顶点

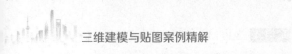
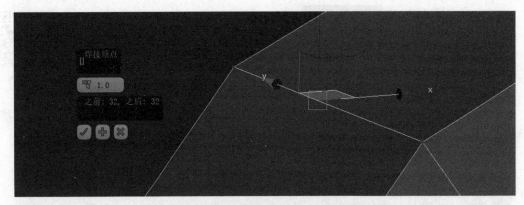

（a）选中顶点

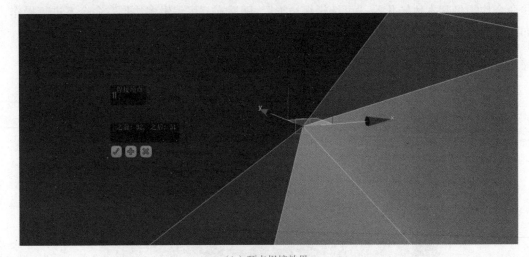

（b）顶点焊接效果

图 4.40　顶点的焊接

　　也可以在边模式下（见图 4.41（a））进行焊接，但此模式下，若物体中有"面"，则不能焊接，必须是物体的中间是空白的情况下选中两个边，使用焊接工具（见图 4.41（b））将其焊接合并在一起，焊接方式与顶点焊接方式相同，效果如图 4.41（c）所示。

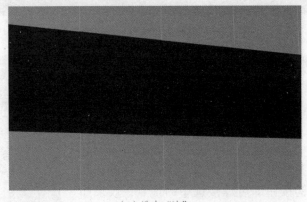

（a）选中"边"

图 4.41　边的焊接

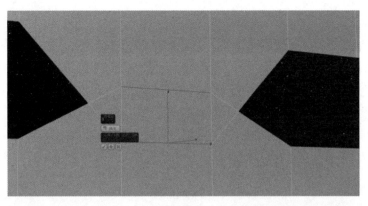

（b）单击焊接工具

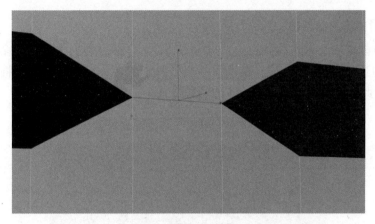

（c）边模式下的焊接

图　4.41（续）

2. 可编辑多边形之目标焊接

在修改器面板的顶点模式下单击"目标焊接"按钮（见图 4.42（a）），点亮后即可启用。在视图中单击一个点并将其拖到另一个点上，再次单击即可将这两个点焊接在一起，效果如图 4.42（b）所示。

（a）选中目标点

图 4.42　点的焊接

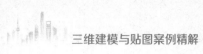
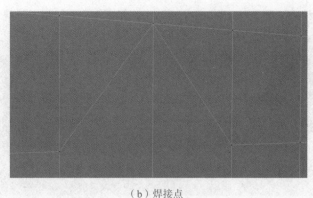

（b）焊接点

图 4.42（续）

3. 可编辑多边形之连接

在视图中创建一个基本体并右击，执行"转换为"→"转换为可编辑多边形"命令，在修改面板中选择"顶点模式"，在视图中选中两个或多个点并单击即可将点连接起来，（见图 4.43）。此种连接方式适用于点、边两种模式。

图 4.43　顶点连接

在边模式下单击"连接"按钮后的小窗口，就会出现工具窗口；此时，再选中需要连接的边，即可将其连接起来，效果如图 4.44 所示。加选用"Ctrl+ 鼠标左键"，边连接模式是在边的中间值的位置上生成连接的线。

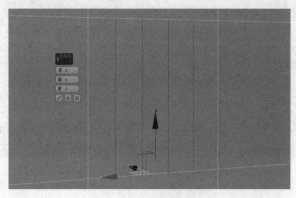

图 4.44　线的连接

4. 可编辑多边形之移除

在视图中创建一个基本体并右击，执行"转换为"→"转换为可编辑多边形"命令，在"修改"面板中选择"顶点模式"，视图中选中一个或多个顶点（见图 4.45（a））并单击"移除"按钮即可，效果如图 4.45（b）所示。

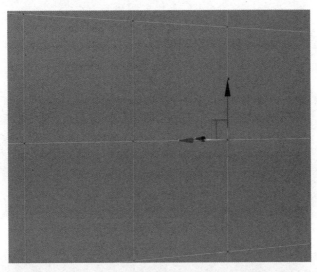

（a）选中顶点

（b）顶点移除后的效果

图 4.45　移除顶点的过程

在顶点模式下使用"移除"命令会移除此点相关的所有线。在边模式下选中视图中的一个或多个边（见图 4.46（a））并单击即可将其移除（见图 4.46（b）），但不会影响周边的点。

⚠ 注意：用边移除命令会导致线上留下未连接的点，但是在建模时不能存在未连接的点。

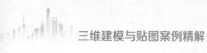
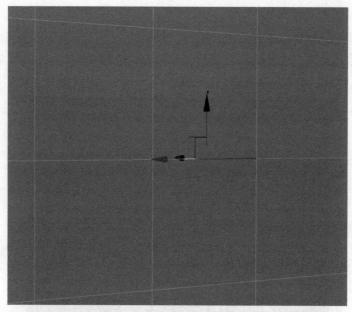

（a）选中边

（b）移除边

图 4.46　移除边的过程

5. 可编辑多边形之切割

在视图中创建一个基本体并右击该对象，执行"转换为"→"转换为可编辑多边形"命令；单击该基本体，在修改面板的任意模式下（在点、边、边界、多边形等元素中的效果是一样的）单击"切割"按钮，即可在视图的目标物体上进行切割，效果如图 4.47 所示。

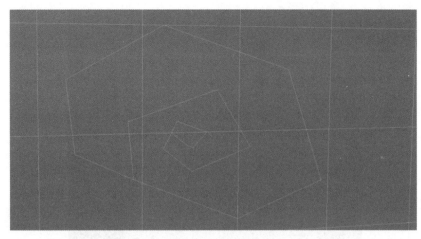

图 4.47　切割效果

6. 可编辑多边形之塌陷

在视图中创建一个基本体并右击，执行"转换为"→"转换为可编辑多边形"命令，修改"编辑几何体"面板中多边形模式为"塌陷"，如图 4.48 所示。

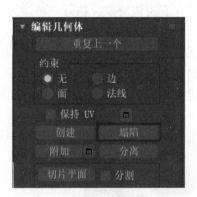

图 4.48　塌陷

在视图中框选如图 4.49 所示的面并单击，即可做出塌陷效果，如图 4.50 所示，"塌陷"命令执行后的效果与"焊接"命令类似。

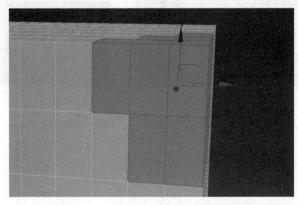

图 4.49　选中面

图 4.50　塌陷效果

7. 可编辑多边形之附加分离

在视图中创建一个基本体并右击该对象，执行"转换为"→"转换为可编辑多边形"命令。

在修改面板的多边形模式下，在视图中选中需要分离的目标（见图 4.51）。单击"分离"按钮，会弹出"分离"对话框，填写分离对象的新命名，如图 4.52 所示，其中"分离到元素"是指分离出来的对象是完全的一个元素，"以克隆对象分离"是指分离出来单独一个复制体。

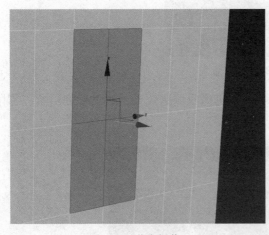

图 4.51　分离操作

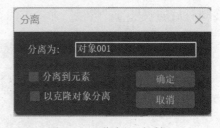

图 4.52　"分离"对话框

单击"确定"按钮后即可分离对象（默认的分离是在物体中挖取分离对象），效果如图 4.53 所示。

如图 4.54 所示，选中视图中的一个模型并单击"附加"按钮启用附加工具点亮，再单击视图中的另一个物体，即可将两个模型放在同一个多边形下。也可以单击"分离"按钮后的小窗口，在"附加列表"中找到需要附加的对象进行附加，如图 4.55 所示。

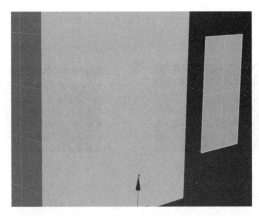

图 4.53　分离效果

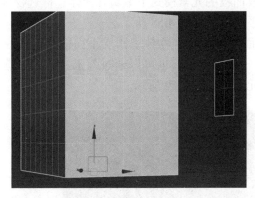

图 4.54　附加

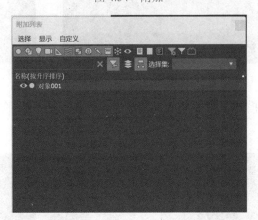

图 4.55　附加列表

8. 可编辑多边形之重复上一个操作

此功能用于重复使用上一个使用过的功能，如图 4.56 所示。

9. 可编辑多边形之约束

在视图中创建一个基本体并右击该对象，执行"转换为"→"转换为可编辑多边形"命令，选择"顶点"层级，在"编辑几何体"面板中（快捷键 Shift+X）勾选"约束"中的"边",如图 4.57 所示。这样,在视图中选择顶点拖动时,它的活动范围被约束在所在的边上。

图 4.56 "重复上一个"按钮

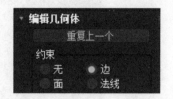

图 4.57 "边"约束

10. 可编辑多边形之切片工具

在视图中创建一个基本体并右击该对象,执行"转换为"→"转换为可编辑多边形"命令;选中物体,在修改面板的元素模式下编辑几何体;框选物体并单击"切片平面"按钮,视图中会显示切片平面框,如图 4.58 所示。

移动或旋转切片平面框可以看到物体上跟着平面框映射的一条线,单击"切片"按钮,可以在物体上添加一条结构线。也可以通过勾选"分割"选项,再单击"切片"按钮,将物体分割成两个元素,如图 4.59 所示。

图 4.58 切片平面框

图 4.59 切片

此时,可以在元素模式下依照切线(见图 4.60(a))分割开物体,效果如图 4.60(b)所示。

(a)切片线框

图 4.60 切片线框及效果

（b）切片效果

图　4.60（续）

单击"重置平面"按钮，黄色框就会重置到初始位置，移动黄色框，其左侧会出现小窗口（见图 4.61）。

图 4.61　重置操作框

勾选启用分割后，在视图中选择模型并单击"快速切片"按钮，（点亮）启用该工具；在视图中所需的切割位置上再单击"确定"按钮，这时物体上会出现一条线；此时可以单独移动分割出来的一部分，如图 4.62 所示。

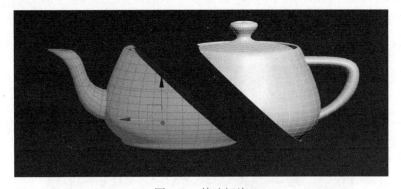

图 4.62　快速切片

11. 可编辑多边形之网格平滑

网格平滑可以为模型增加面数，如图 4.63 和图 4.64 所示。

图 4.63 "网格平滑"按钮

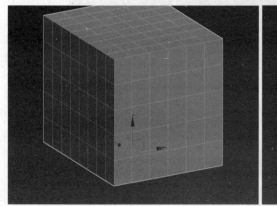
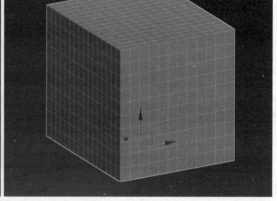

图 4.64 网格平滑后的效果

12. 可编辑多边形之元素——面的隐藏

在物体的可编辑多边形模式中选择"多边形",再在物体上选择多个面（见图 4.65（a））；在"修改"面板的可编辑多边形的"多边形"模式下，执行"隐藏选定对象"命令可以隐藏选中的面，效果如图 4.65（b）所示。

（a）选中目标

图 4.65 面的隐藏

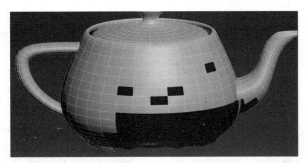

（b）隐藏选定对象后的效果

图　4.65（续）

执行"隐藏未选定对象"命令可以隐藏未选中的面，如图 4.66 所示；执行"全部取消隐藏"命令可以将对象全部显示出来。

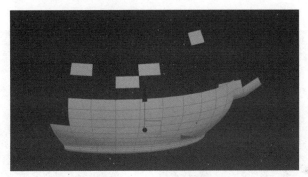

图 4.66　隐藏未选定对象的效果

⊞ 小技巧

如果不小心将物体全部隐藏，可以在视图中右击，执行"全部取消隐藏"命令即可，此功能可以在制作物体内部结构时使用。

13. 可编辑多边形之平滑组

在物体的可编辑多边形模式中选择"元素"，则物体会被平滑地创建在上面。选中物体并单击"平滑组"面板中的"清除全部"按钮；在一个物体上可以创建多个平滑组，如图 4.67（b）所示；选中某一面并在"平滑组"面板中选择任意数字，如图 4.67（a）所示，效果如图 4.67（c）所示。

（a）"平滑组"面板

图 4.67　应用平滑组

（b）原始球体

（c）平滑球体

图　4.67（续）

　　另外再选择一些面（见图4.68（a）），在"平滑组"面板中再选择其他的数字，模型上就会显示出不同平滑组的效果，如图4.68（b）所示。做完模型后可以根据需求选择需要分组平滑的面进行操作。

（a）选中面

（b）不同平滑组的面

图 4.68　面与不同平滑组的面

14. 可编辑多边形之法线基础知识

　　选中一个模型，在修改器列表中选择"编辑法线"后可以看到物体每个顶点上多出几条线（见图4.69（a））；在元素模式中选择"平滑组"，回到"编辑法线"选项，可以看到平滑操作后的每个顶点上多出的法线方向全部统一，并汇集成一条线，效果如图4.69（b）所示。

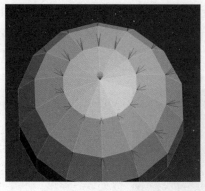
（a）原始法线

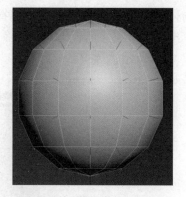
（b）法线平滑操作后的效果

图 4.69　平滑操作前后的法线

多边形模式下，在视图中选中几个面，单击"翻转"按钮（见图 4.70），就可以把选中的正面翻转为反面，如图 4.71（a）和图 4.71（b）所示；再单击"编辑法线"，可以看到翻转后的面，法线在物体表面的反面，即翻转法线，如图 4.71（c）所示。

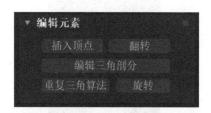

图 4.70　翻转

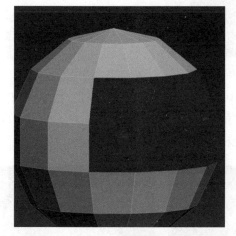

（a）选中面

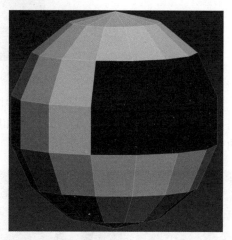

（b）翻转面

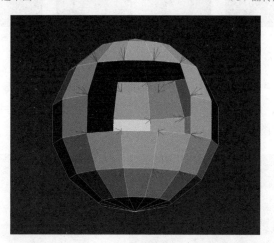

（c）翻转法线的效果

图 4.71　翻转法线的过程

15. 可编辑多边形之软选择

在视图中创建一个平面并右击，执行"转换为"→"转换为可编辑多边形"命令，在"顶点"设置项中勾选"使用软选择"选项（见图 4.72），将其启用。

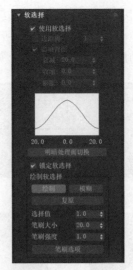

图 4.72　使用软选择

　　衰减的数值影响移动的范围，在视图中选中一个点（见图 4.73（a））；按 W 键沿着 Z
轴向上移动点（见图 4.73（b）），调收缩和膨胀的数值就可以看到如图 4.73（c）所示效果
图的变化，再移动顶点，它也会和效果图一样被拉伸出来。

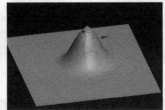

（a）选中目标　　　　　　　　　（b）移动点　　　　　　　　（c）收缩和膨胀效果

图 4.73　衰减的数值对效果的影响

　　正常情况下，在一个多边形中两个挨着的物体（中间有点距离）中的一边应用软选择
会影响另一边的物体，此时可以勾选"边距离"选项，这样就只会影响所选物体的顶点范
围，如图 4.74（a）和图 4.74（b）所示。

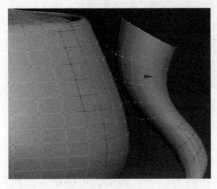
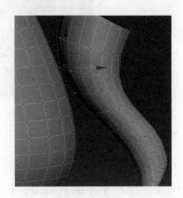

（a）顶点范围　　　　　　　　　　（b）勾选"边距离"选项

图 4.74　勾选"边距离"选项的效果

可以使用绘制功能在物体上选择变形的顶点，如图 4.75（a）所示；可以调节绘制笔刷的大小和强度后进行绘制，绘制完后按 W 键启用移动工具向上移动顶点即可，效果如图 4.75（b）所示。

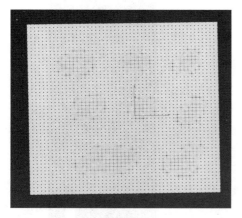
（a）选中目标点

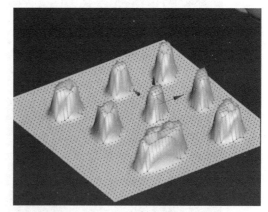
（b）绘制功能效果

图 4.75　使用绘制功能

任务 4.5　复 合 对 象

复合对象

【任务描述】

本任务主要介绍 3ds Max 常用建模中复合对象的创建方法。通过本任务的学习，读者可以掌握对创建复合对象的基本操作。

【知识归纳】

复合对象是一种将不同的基本体模型合并成单一对象的建模技术。该技术包括多种方法，如布尔运算、放样、图形合并等。这些方法使创建复杂和详细的模型变得更加轻松和灵活。

1. 变形复合对象

变形是一种与二维动画中的中间动画类似的动画技术。在复合对象（见图 4.76）中"变形"对象，可以通过如图 4.77 所示"复合对象"面板合并两个或多个对象。其方法是，插补第一个对象的顶点，使其与另外一个对象的顶点位置相符。如果随时执行这项插补操作，将会生成变形动画。

2. 散布复合对象

散布是复合对象的一种形式，即将所选的源对象散布为阵列，或散布到分布对象的表面。

图 4.76 复合对象

图 4.77 "复合对象"面板

3. 一致复合对象

一致对象是一种复合对象，通过将某个对象（称为"包裹器"）的顶点投影至另一个对象（称为"包裹对象"）的表面而创建。此功能还有一个空间扭曲版本，请参见"一致空间扭曲"相关内容。

4. 连接复合对象

使用"连接"复合对象，可通过对象表面的"洞"连接两个或多个对象。要执行此操作，需删除每个对象的面，在其表面创建一个或多个洞，并确定洞的位置，以使洞与洞面对面，然后应用"连接"。

5. 水滴网格复合对象

水滴网格复合对象可以通过几何体或粒子创建一组球体，还可以将球体连接起来，就好像这些球体是由柔软的液态物质构成的一样。如果球体在距离另外一个球体的一定范围内移动，它们就会连接在一起。如果这些球体相互分离，将会重新显示球体的形状。

6. 图形合并复合对象

使用图形合并来创建包含网格对象和一个或多个图形的复合对象，这些图形将嵌入网格中（将更改边与面的模式），或从网格中消失。

7. 布尔复合对象

布尔复合对象可以通过对两个或更多对象执行布尔操作，将其合并到单个网格中。

8. 地形复合对象

地形复合对象使用等高线数据创建行星曲面。

9. 放样复合对象

放样复合对象是沿着第三个轴挤出的二维图形。从两个或多个现有样条线对象中创建放样对象，其中一条样条线会作为路径，其余的会作为放样对象的横截面或图形。沿着路径排列图形时，3ds Max 会在图形之间生成曲面。

10. 网格化复合对象

网格化复合对象是以每帧为基准将程序对象转化为网格对象，这样可以应用修改器，如弯曲或 UVW 贴图。它可用于任何类型的对象，但主要为使用粒子系统而设计。"网格化"对于复杂修改器堆栈的低空实例化对象同样有用。

11. ProBoolean 和 ProCutter 复合对象

ProBoolean 和 ProCutter 复合对象提供了将二维和三维形状组合在一起的建模工具。

【任务实施】

步骤 1：在视图中创建一个基本体对象（见图 4.78（a）），执行"转换为"→"转换"→"可编辑多边形"命令，在顶点模式中任意改动外形；再创建一个基本体，找到复合对象并单击"变形"按钮，单击"拾取目标"启用工具，在视图中选择要变形的基本体并单击即可（见图 4.78（b））。此功能只能应用于具有相同面数和相同顶点数的模型。

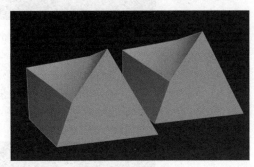

（a）基本体　　　　　　　　　　　　　　（b）变形后的基本体

图 4.78　变形前后的基本体

步骤 2：在视图中创建两个基本体，先选中一个，在复合对象中单击"散布"按钮，单击"拾取分布对象"启用工具，在视图中单击要拾取的目标，它就会"跑"到被拾取对象的身上。再把重复数调高就会出现很多同样的基本体，如图 4.79（a）和图 4.79（b）所示。该操作是在被拾取物体的顶点上进行，也可以在修改器面板中进行调整，一般适用于制作树丛花草场景之类的重复性多的内容时使用。

（a）应用"散布"前

（b）"散布"后的效果

图 4.79　应用"散布"前后的效果

步骤3： 在视图中创建两个对象，一个是平面，另一个用软选择绘制成山一样的地形，选中另一个平面在"复合对象"中，单击"一致"按钮，再单击启用"拾取包裹对象"工具，如图 4.80 所示。

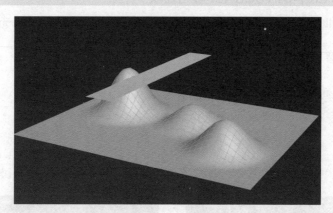

图 4.80　两个不同的对象

单击视图中要拾取的目标，它就会像一块布一样附着在凹凸不平的平面上（见图 4.81），也可在修改面板中进行调整，此功能一般用于制作公路、山路——这些有区别但又跟其他物体形状大致一样的物体。

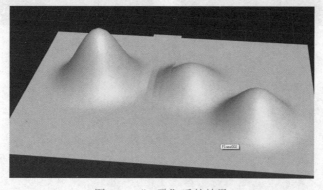

图 4.81　"一致"后的效果

步骤4：图形合并可以通过二维和三维间的"连接"来编辑。先创建一个基本体，再创建一个样条线；选中基本体，在"复合对象"面板中单击"图形合并"按钮，并单击"拾取图形"启用工具，如图 4.82（a）和图 4.82（b）所示。

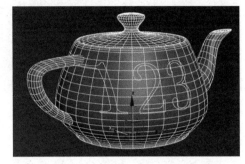

（a）图形和数字　　　　　　　　　　　　　　　　（b）合并

图 4.82　图形和数字合并前后的效果

步骤5：可以先用样条线或者其他线生成一个地形，然后在视图中创建一条闭合的样条线，如图 4.83（a）所示；之后在"复合对象"面板中选择"地形"按钮，效果如图 4.83（b）所示，也可以在修改面板中进行调整。

🔷 小技巧

　　直接框选所有需要变为地形的线并单击"地形"按钮即可。

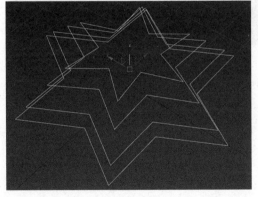
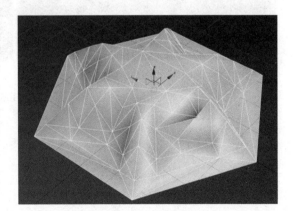

（a）创建"线"　　　　　　　　　　　　　　　　（b）应用"地形"

图 4.83　应用"地形"后的效果

步骤6：在视图中创建一条线，再创建一条图形线，如图 4.84（a）所示；单击"复合对象"面板中的"放样"按钮，选中"线"并单击启用"获取图形"工具；最后在视图中单击图形线即可生成模型，如图 4.84（b）所示。

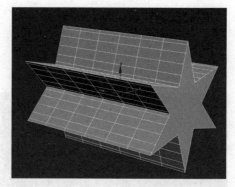

（a）创建"线" （b）放样

图 4.84 应用"放样"后的效果

步骤 7：进行 ProBoolean（超级布尔）即在视图中创建两个不同的基本体，并将其相交地放在一起，然后选择运算模式后拾取运算对象即可，如图 4.85（a）和图 4.85（b）所示。

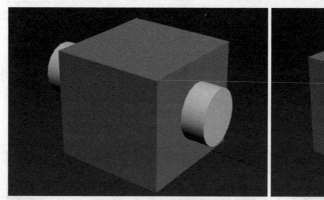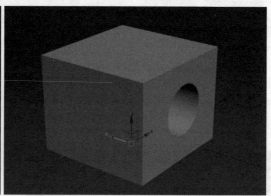

（a）两个相交基本体 （b）布尔运算差集效果

图 4.85 应用 ProBoolean 前后的效果

项目 5

初识 Substance Painter

项目导读

在数字艺术和游戏开发领域，Substance Painter 成为大多数从业者的首选。这款强大的 3D 纹理绘制软件不仅提供了丰富的功能，而且其直观的用户界面和强大的材质制作功能让用户能够轻松创建出令人惊叹的纹理效果。

本项目将带领读者走进 Substance Painter 的世界，从基础知识开始，逐步深入至高级技巧。无论读者是初学者还是有一定经验的从业者，此项目都将为其提供必要的知识和技能，帮助其掌握 Substance Painter 的使用方法，提升其纹理绘制能力。

学习目标

- 掌握 Substance Painter 的基本操作和界面布局。
- 掌握不同的笔刷、工具和图层的使用方法。
- 熟悉并掌握常用的快捷键操作，提高工作效率。

职业素养目标

- 培养良好的数字艺术审美能力，能够分辨出好的纹理效果和差的纹理效果，并能够根据任务需求进行创作。
- 培养其细心、耐心和创造力，并在纹理绘制过程中保持专注，追求细节的完美。

职业能力要求

- 熟练掌握 Substance Painter 的基本操作和界面布局，能够快速找到所需的工具。
- 熟悉 Substance Painter 的项目设置流程，了解如何创建和管理项目，能够独立完成项目的设置。

项目重难点

项目内容	工作任务	建议学时	技 能 点	重 难 点	重要程度
项目 5 初识 Substance Painter	任务 5.1 认识 Substance Painter 操作界面	1.5	Substance Painter 的界面布局和基本操作	掌握对界面的基本操作和工具的使用方法，以便能够快速上手	★★★★☆
				熟悉各个面板的功能和使用技巧，提高工作效率	★★★★★
	任务 5.2 项目设置与常用工具及快捷键介绍	0.5	在 Substance Painter 中设置项目的基本参数，以及如何设置快捷键	掌握项目设置的基本流程和相关参数设置，确保项目能够顺利开展	★★★☆☆
				熟悉常用快捷键的使用，提高工作效率	★★★☆☆

任务 5.1 认识 Substance Painter 操作界面

认识 Substance Painter 操作界面

【任务描述】

Substance Painter 是一款强大的数字纹理绘制软件，广泛应用于游戏、电影等视觉效果的制作。本任务将带领读者全面认识 Substance Painter 的各工作区和操作界面，以便快速上手。

【知识归纳】

1. 欢迎界面

安装 Substance Painter 后，通过双击 图标进行启动。该软件启动后，第一个映入眼帘的是其欢迎界面，如图 5.1 所示。

图 5.1 Substance Painter 的欢迎界面

欢迎界面上有 6 个图标，分别是 SUBSTANCE 教程、在线文档、开始绘图、SUBSTANCE 网站、论坛、SUBSTANCE 共享。

1）SUBSTANCE 教程

单击该图标会跳转到官方 Substance 学院，此处有整个 Adobe 系列软件的教程。

2）在线文档

在线文档提供很多相关的资源和教程，更适合有基础的、想要深入学习的读者。

3）开始绘图

单击该图标可以打开 Substance Painter 自带的项目文件进行练习实践。

4）SUBSTANCE 网站

单击该图标可带领读者访问 Substance Painter 的官方网站，该网站上提供了更多关于 Substance Painter 的软件更新、插件和工具等。

5）论坛

单击该图标将带领读者进入一个用户交流论坛，此处聚集了许多 Substance Painter 用户和爱好者。读者可以在这里与其他用户交流使用心得、分享作品和经验，共同学习和进步。

6）SUBSTANCE 共享

单击该图标可以带领读者进入官方资料库，其中提供了很多免费的笔刷、Alpha、遮罩、材质等。

在欢迎界面的最下方有"不再显示"复选框，如果下次启动时不想打开欢迎界面，可以勾选该选项。

2. 界面布局

Substance Painter 的界面由菜单栏、工具栏、Shelf 展架、纹理集设置、图层面板、视图面板、属性面板等主要功能区组成，如图 5.2 所示。

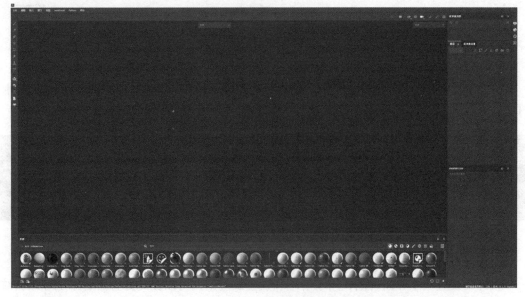

图 5.2　界面布局

1）菜单栏

菜单栏位于界面上方，包括文件、编辑、模式、窗口、视图、Python、JavaScript、帮助，如图 5.3 所示。

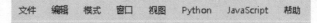

图 5.3　菜单栏

2）工具栏

工具栏位于界面左侧，包含各种常用工具，如画笔、橡皮擦、选区等。可以通过这些工具在画布上进行绘制、修改，如图 5.4 所示。

图 5.4　工具栏

3）Shelf 展架

Shelf 展架位于界面下方，其功能类似于资源库，用于存储和管理各种资源，如笔刷、材质、蒙版等，如图 5.5 所示。

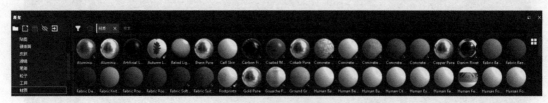

图 5.5　Shelf 展架

4）纹理集设置

纹理集设置位于界面右侧，用于管理和设置纹理集，可以在此处查看、添加和编辑纹理集中的贴图，以便更好地控制材质的外观和细节，如图 5.6 所示。

5）图层面板

图层面板位于界面右侧，类似于 Photoshop 中的图层面板，用于创建和管理不同的图层，以便进行叠加、调整和编辑，如图 5.7 所示。

图 5.6　TEXTURE SET 纹理集设置

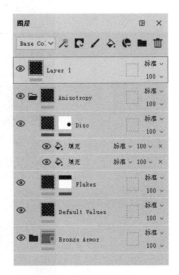

图 5.7　图层面板

6）视图面板

视图面板位于界面中央，用于调整视图和环境，即调整视图的旋转、缩放、平移等，以及设置环境的光照、阴影等效果，如图 5.8 所示。

图 5.8　视图面板

7）属性面板

属性面板用于控制对象的属性和参数，如位置、大小、旋转等。通过调整这些参数，可以精确地控制对象的外观和行为，如图5.9所示。

图5.9 属性面板

3. 常用菜单详解

1）"文件"菜单

"文件"菜单常用命令为"新建""打开""最近文件""关闭""保存""另存为"等。

2）"编辑"菜单

- Undo：用于撤销上一步操作，可以连续多次撤销。
- Redo：用于撤销Undo的反向操作，恢复之前撤销的操作。
- 项目文件配置：开启项目设置，允许用户配置项目的一般属性。
- 烘焙模型贴图：用于计算基于模型的信息，并通过烘焙窗口将其存储在位图中。
- 设置：可设置软件语言、背景颜色、默认文件存储路径、快捷键、展架等。

3）"模式"菜单

- 绘画：绘制与编辑模式。
- Rendering（Iray）：渲染预览模式。

4）"窗口"菜单

- 视图：显示或隐藏所有面板（全部面板均在视图子菜单里）。
- 工具栏：显示或隐藏工具栏、插件、停靠栏。

- 隐藏 UI：隐藏或显示软件的用户界面元素，放大视图区域，以便更好地专注于创作。
- 重置 UI：可以将用户界面恢复到默认状态，以便重新组织界面元素。这对于重新调整布局或者清理混乱的用户界面非常有用，如图 5.10 所示。

5）"视图"菜单

此处的子菜单提供了更广泛的命令选项，用于配置当前项目的显示模式。可以切换至多种通道与纹理，以及启用、编辑、反转快速遮罩等，以帮助用户更好地查看和编辑模型，如图 5.11 所示。

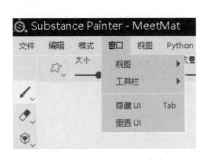

图 5.10 "重置 UI"命令

图 5.11 "视图"菜单

6）Python 菜单

编程人员可以利用 Python 语言制作开发 Substance Painter 的专用插件，如图 5.12 所示。

7）JavaScript 菜单

JavaScript 菜单包括 autosave、dcc-live-link、photoshop-export、resources-updater、获取插件、插件文件夹、重新加载插件文件夹等，如图 5.13 所示。其中，

图 5.12 Python 菜单

- autosave：用于设置自动保存的一些参数。
- photoshop-export：导出或者关联到 Photoshop 中进行编辑。

8）"帮助"菜单

帮助菜单包括"关于""检查更新""欢迎屏幕""管理许可证""支持""文档""参与者"等，如图 5.14 所示。

图 5.13 JavaScript 菜单

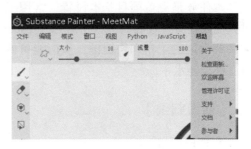

图 5.14 "帮助"菜单

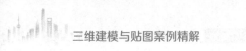

【任务实施】

Substance Painter 软件的基本设置方法如下。

步骤 1: 启动 Substance Painter, 试着找一下切换至中文或者英文的界面。

步骤 2: 执行"编辑"→"设置"命令, 如图 5.15 所示。

步骤 3: 打开"设置"对话框, 如图 5.16 所示。

图 5.15 "设置"子菜单   图 5.16 "设置"对话框

步骤 4: 切换软件语言为中文, 并修改界面的背景颜色。

步骤 5: 试着修改任意一个快捷键, 并感受实践操作后的效果。

任务 5.2 项目设置与常用工具及快捷键介绍

【任务描述】

本任务是涵盖项目基本设置、常用工具和熟悉快捷键的综合性任务。通过完成此任务, 读者将深入了解到 Substance Painter 的项目设置相关操作, 掌握一些常用的工具和快捷键, 从而能更好地进行纹理制作和材质设计, 提高自己的技能水平。

项目设置与常用
工具及快捷键

【知识归纳】

1. 项目设置

在 Substance Painter 中进行项目设置可以帮助读者更好地管理和组织项目文件, 以下是一些常见的项目设置选项。

1）新建项目

执行"文件"→"新建"命令，或者按快捷键 Ctrl+N，会弹出如图 5.17 所示的"新项目"对话框。其中会包含模型信息和贴图信息，也会根据导入的模型材质分配不同的纹理集。

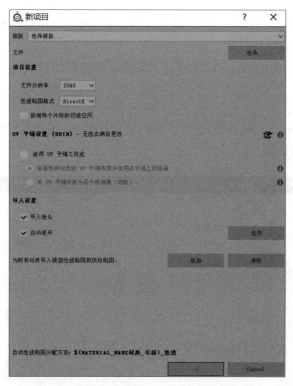

图 5.17 "新项目"对话框

2）模板

根据需求选择相应的模板，一般会选择 PBR-Metallic Roughness（alleeorithmic）模板。使用此模版导出文件至其他软件，其材质的颜色、光影不会有太多偏差。

3）文件

单击"选择"按钮，载入之前从三维软件中导出的模型文件。此模型文件如果应用在游戏中需要满足三个条件：第一，导入的模型应是低模文件；第二，导出格式最好是 FBX 格式文件；第三，必须是展完 UV 的模型文件。

4）项目设置

- 文件分辨率：即贴图的分辨率，可在后续制作过程中根据计算机的性能随时调整；设置"文件分辨率"为 2048，即 2K 分辨率，同理，若设置为 1024、4096，则表示 1K 分辨率和 4K 分辨率。
- 法线贴图格式：以此选项定义项目的法线贴图格式，DirectX 格式的 Y 轴是负值，也就是向下，与 3ds Max 的法线贴图格式是一致的；OpenGL 格式的 Y 轴是向上的，与 Maya 的法线贴图格式是一致的，根据自己的需求选择正确的法线计算方式即可。
- 极端每个片段的切线空间：此功能用的极少，导入一些游戏引擎 UE4（Unreal

Engine 4）或者 Marmoset Toolbag 等软件时最好勾选上，这样会重新烘焙法线贴图，从而会有更好的兼容效果。

5）UV 平铺设置

如果需要做影视及游戏项目，可以根据需求进行选择，尽量做到规整对称。

6）导入设置

采用默认设置即可。

7）添加 / 清除按钮

在其他软件中烘焙的贴图，可以通过"添加"按钮添加到项目文件中，通过"清除"按钮可以进行删除。

8）导出贴图

执行"文件"→"导出贴图"命令，或按快捷键 Ctrl+Shift+E，就会弹出如图 5.18 所示的"导出纹理"对话框。

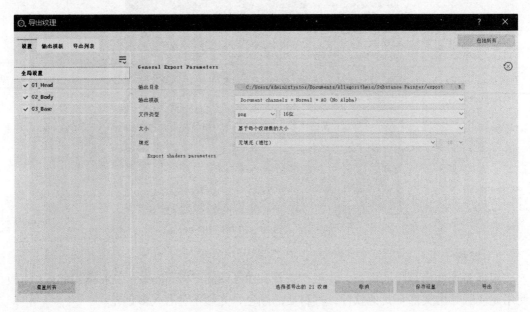

图 5.18　"导出纹理"对话框

9）设置

- 输出目录：输出文件将要放置到的目录。
- 输出模板：根据需求进行选择，如 PBR 模式、Arnold、KeyShot、VRay 等。
- 文件类型：用于选择文件格式和位图模式。
- 大小：输出贴图的分辨率大小。
- 填充：设置贴图边缘往外扩散的渐变效果，防止很"生硬"的接缝；进行"出血"值的设定；针对处理贴图缝隙的方法，选择第二种模式"无限膨胀"，这样会产生比较柔和的过渡效果。

10）输出模板

根据输出的格式、软件会有不同预设的输出模式，如图 5.19 所示。还可以根据自己的需求修改具体选项。

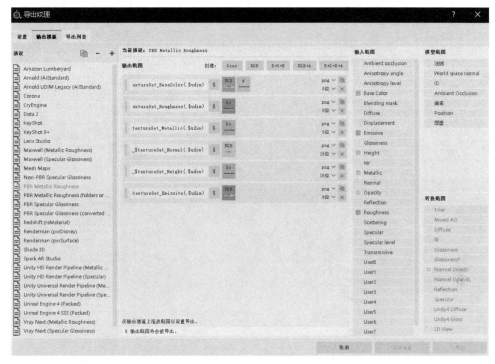

图 5.19 输出模板

11）导出列表

列表中记录着输出贴图的名称、大小、贴图格式、位图模式等信息，如图 5.20 所示，图 5.21 所示为导出贴图成功后的界面。

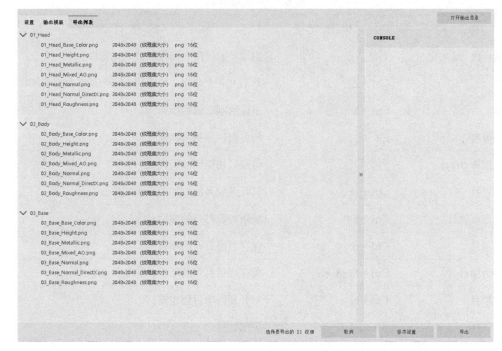

图 5.20 导出列表

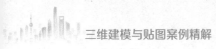

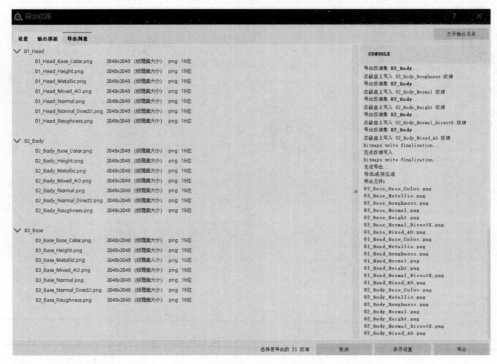

图 5.21　导出贴图成功后的界面

2. 快捷键介绍

快捷键介绍的内容如表 5.1 所示。

表 5.1　快捷键介绍

命　　令	快 捷 键	操 作 详 解
隐藏界面 / 最大化	Tab	隐藏界面的所有面板以最大化视口
撤销	Ctrl + Z	取消上一个动作，并返回上一个动作执行前的状态
重做	Ctrl + Y	重做刚刚取消的操作
绘画模型	F9	将界面切换到绘画模式
模式渲染 (Iray)	F10	将接口切换到渲染模式
打开项目	Ctrl + O	打开系统界面以加载工程文件
关闭当前项目	Ctrl + F4	关闭当前打开的项目
保存项目	Ctrl + S	保存当前打开的项目
另存为项目	Ctrl + Shift + S	保存当前打开的项目，并重新命名
新建项目	Ctrl + N	打开新的项目创建窗口
退出软件	Alt + F4	关闭软件

续表

命 令	快 捷 键	操 作 详 解
增加工具尺寸	]	增加绘画工具的画笔大小
减小工具尺寸	[	减小绘画工具的画笔大小
反转灰度工具	X	反转绘画蒙版，反转当前的灰度值
拾色器	P	启用拾色器工具
对称	L	沿给定轴启用对称
LazyMouse	D	启用 LazyMouse
切换 2D/3D 视图	F4	在 3D UV 和 2D UV 界面之间切换
显示下一层通道	C	单独显示下一层通道的内容
显示材质	M	切换到"材质渲染"模式
导出纹理	Ctrl + Shift + E	打开"导出纹理"对话框
将整个网格居中	F	将模型居中显示
切换快速蒙版	U	输入 / 退出快速蒙版
清除快速蒙版	Y	禁用并清除快速蒙版
反转快速蒙版	I	反转快速蒙版
视口布局 3D/2D	F1	更改视口显示以显示 3D 和 2D 视图
视口布局仅 3D	F2	更改视口显示以仅显示 3D
视口布局仅 2D	F3	更改视口显示以仅显示 2D
纹理集隔离 / 单独显示	Alt + Q	通过在视口中隐藏其他纹理集来单独显示当前纹理集
选择绘画工具	1	
选择绘画工具 + 粒子	Ctrl + 1	
选择橡皮擦工具	2	
选择橡皮擦工具 + 粒子	Ctrl + 2	
选择映射工具	3	
选择映射工具 + 粒子	Ctrl + 3	
多边形填充模式	4	
选择涂抹工具	5	
选择克隆工具（相对源）	6	
选择克隆工具（绝对源）	Ctrl + 6	

续表

命　令	快　捷　键	操　作　详　解
直线绘制	Shift + 鼠标左键	
锁定角度直线绘制	Ctrl + Shift + 鼠标左键	

【任务实施】导出纹理

步骤 1: 打开样本文件 Meet Mat。

步骤 2: 使用快捷键打开"导出纹理"对话框。

步骤 3: 设置导出的文件夹位置。

步骤 4: 导出 Non-PBR Specular Glossiness 模板的贴图纹理。

项目6

UVW 展开和贴图制作技术

项目导读

UVW 展开和贴图制作是三维建模和纹理绘制中的重要技术。UVW 展开是将三维模型表面的各个面片展开成二维平面，以便在纹理编辑软件中进行绘制。贴图制作则是在纹理编辑软件中创建和编辑纹理贴图，以给模型表面添加颜色、纹理和细节。

本项目将介绍 UVW 展开和贴图制作的基本概念和流程，以及常用的相关工具及使用技巧，讨论 UVW 展开的目的和原理，以及如何有效地展开模型的各个面片。同时，深入探讨贴图制作的不同类型和应用场景，如颜色贴图、法线贴图和光照贴图等。通过本项目，读者能够使用 UVW 展开和贴图制作技术创建更具细节和真实感的模型和场景。

学习目标

- 了解 UVW 展开的概念和作用，理解将三维模型展开成二维平面的原因。
- 掌握 UVW 展开的方法和技巧。

职业素养目标

- 具备对颜色、光影、纹理等艺术要素的敏感度和理解力，能够准确地表达和再现设计师或艺术家的创意。
- 熟练掌握 UVW 展开和贴图制作的工具及软件，能够高效地进行 UVW 展开和贴图制作，避免常见的问题和错误。

职业能力要求

- 具备良好的三维建模基础知识，了解模型的拓扑结构和面片分布，能够有效地进行 UVW 展开。
- 熟悉不同的 UVW 展开方法和工具。

项目重难点

项目内容	工作任务	建议学时	技 能 点	重 难 点	重要程度
项目 6 UVW 展开和贴图制作技术	任务 6.1 UVW 贴图修改器与 UVW 展开修改器	1	两种 UVW 修改器的具体参数	掌握如何使用两种 UVW 修改器进行模型的 UVW 坐标调整	★★★☆☆
				理解 UVW 贴图坐标与模型表面纹理映射的关系	★★★☆☆
	任务 6.2 贴图类型	1	各种贴图类型，如颜色贴图、法线贴图、透明贴图等	熟悉各种贴图类型	★★★★☆
				理解不同贴图类型在纹理制作中的作用和特点	★★★★☆
	任务 6.3 烘焙贴图	2	能够进行烘焙贴图的生成，了解其基本原理和应用场景	能够进行烘焙贴图的生成	★★★★★
				理解和解决烘焙过程中可能遇到的各种问题，如阴影不正确、细节丢失等	★★★★★

任务 6.1　UVW 贴图修改器与 UVW 展开修改器

【任务描述】

本任务旨在介绍 3ds Max 中的 UVW 贴图修改器和 UVW 展开修改器的详细内容。UVW 贴图修改器用于调整模型表面的纹理贴图坐标，而 UVW 展开修改器则提供了更高级的编辑功能，包括对模型表面 UVW 坐标的手动编辑、断开、缝合等，从而可以更精细地控制纹理的映射和展示效果。通过学习这两种修改器的使用方法、原理和应用场景，读者能够更好地使用它们编辑模型 UVW，以便后续模型的制作。

UVW 贴图修改器与
UVW 展开修改器

【知识归纳】

1. UVW 贴图修改器

UVW 贴图修改器是用于调整模型表面纹理贴图坐标的工具。它可以帮助用户快速地将纹理映射到模型表面上，并提供了一些基本的参数设置，如映射类型、偏移、缩放和旋转等。

1）添加 UVW 贴图修改器

首先选择要编辑的模型，然后在 3ds Max 的修改器列表中找到 UVW 贴图修改器，将其添加到模型上。

2）映射类型

UVW 贴图修改器提供了多种映射类型，默认有 7 种 UVW 映射的投影方法，分别为平面投影、柱形投影、球形投影、收缩包裹投影、长方体投影、面投影、XYZ 到 UVW 投影。初学者可以根据模型的形状选择合适的映射类型，以确保纹理能够正确贴合模型表面。UVW 贴图修改器只适用于处理简单模型的 UVW 映射，不能用于处理复杂模型。

（1）平面投影：从对象的一个平面投影贴图，在某种程度上类似于投影幻灯片，如图 6.1 所示。

（2）柱形投影：从圆柱体投影贴图，使用它包裹对象。柱形投影用于基本形状为圆柱形的对象，如图 6.2 所示。

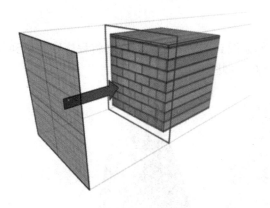
图 6.1　平面投影

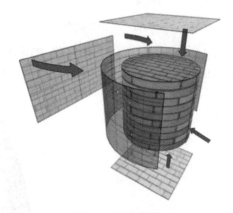
图 6.2　柱形投影

（3）球形投影：从球体投影贴图包裹对象。在球体顶部和底部，即图边与球体两极交汇处会看到贴图的接缝。球形投影用于基本形状为球形的对象，如图 6.3 所示。

（4）收缩包裹投影：使用球形贴图，但会截去贴图的各个角，最后将它们结合成为一个点，如图 6.4 所示。

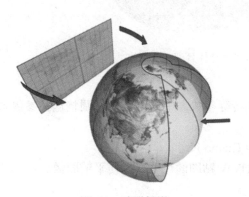
图 6.3　球形投影

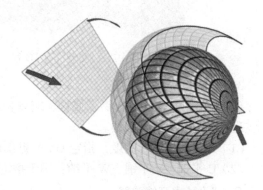
图 6.4　收缩包裹投影

（5）长方体投影：从长方体的 6 个侧面投影贴图。每个侧面均投影为一个平面贴图，且表面的效果取决于曲面法线，如图 6.5 所示。

（6）面投影：对对象的每个面均应用贴图副本，如图 6.6 所示。

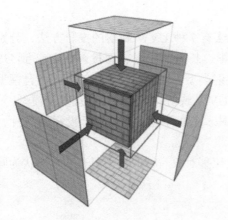

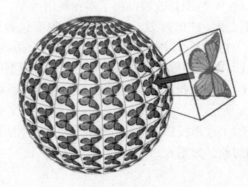

图 6.5　长方体投影　　　　　　　　　　图 6.6　面投影

（7）XYZ 到 UVW 投影：将 3D 程序坐标贴图到 UVW 坐标，这会将程序纹理贴到表面。如果表面被拉伸，3D 程序贴图也会被拉伸，如图 6.7 所示。

图 6.7　已复制具有 3D 程序纹理的球体且副本被拉伸

3）参数设置

UVW 贴图修改器还提供了偏移、缩放和旋转等参数，用户可以通过调整这些参数来对纹理的映射效果进行微调。

（1）长度、宽度、高度：指定 UVW 贴图的 Gizmo 尺寸。

（2）U 平铺、V 平铺、W 平铺：用于指定 UVW 贴图的尺寸，以便平铺图像。

2. UVW 展开修改器

当模型表面过于复杂，且贴图坐标不规则时，仅仅使用 UVW 贴图修改器是不够的，这时需要使用更高级的处理贴图坐标的工具——UVW 展开修改器。使用 UVW 展开修改器可以将三维模型的贴图坐标进行平展，从而在这个平面上对贴图进行绘制，UVW 展开修改器相关参数如图 6.8 所示。

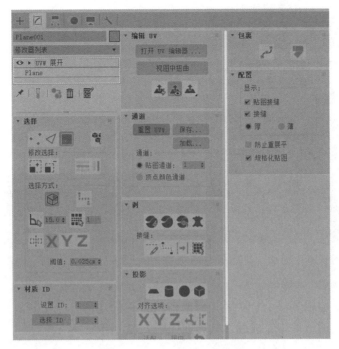

图 6.8　UVW 展开修改器相关参数

1）UVW 展开子对象

可以选择顶点、边、多边形的次物体层级进行编辑，如图 6.9 所示。

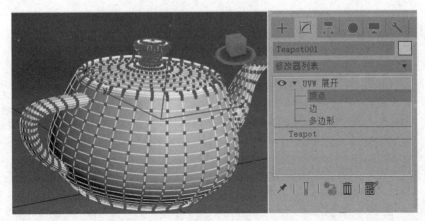

图 6.9　顶点层级的编辑模式

2）"选择"卷展栏

提供了多种选项，如顶点、边、多边形模式以及按元素选择；扩大、收缩选取、循环边、环形边等多种选择方式，如图 6.10 所示。

3）"材质 ID"卷展栏

模型制作完成后，根据材质的分类进行材质 ID 的设置。例如，一个物体上面可以展现两种颜色或两种材质时，可以分别设置为 1 号 ID 和 2 号 ID。并且可以按材质 ID 进行模型的选择，"材质 ID"卷展栏如图 6.11 所示。

图 6.10 "选择"卷展栏

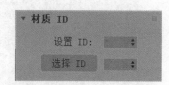

图 6.11 "材质 ID"卷展栏

4)"编辑 UVW"卷展栏

这里的 UVW 编辑器是 UVW 展开修改器最核心的功能,几乎所有复杂模型的 UVW 展开工作均是在此编辑器中完成的,其界面如图 6.12 所示。

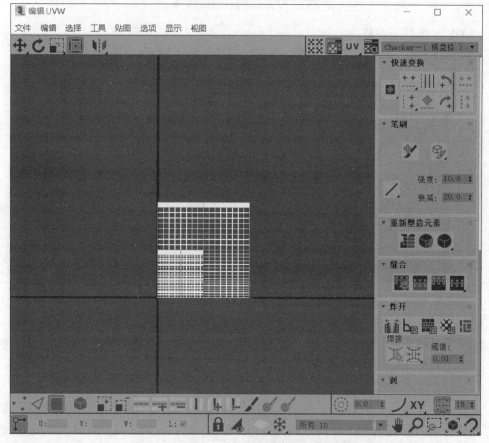

图 6.12 UVW 编辑器界面

5）"通道"卷展栏

一般贴图通道默认是 1，也可以设置其他数字，范围是 1～99，但必须和材质编辑器里的贴图通道保持一致才会有效，如图 6.13 所示。

6）"剥"卷展栏

"剥"模式在展平复杂曲面时有着强大的能力，其界面如图 6.14 所示。

7）"投影"卷展栏

可以使用"投影"卷展栏的相关控件将四个不同贴图映射到模型上，大部分的时候选择平面贴图，如图 6.15 所示。

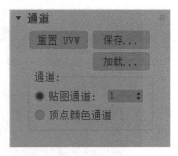

图 6.13　"通道"卷展栏

图 6.14　"剥"卷展栏

图 6.15　"投影"卷展栏

8）"包裹"卷展栏

可以使用"包裹"卷展栏的相关工具将规则纹理坐标应用于不规则对象，如图 6.16 所示。

9）"配置"卷展栏

"配置"卷展栏可用于指定修改器的默认设置，包括如何显示接缝，如图 6.17 所示。

图 6.17　"配置"卷展栏

图 6.16　"包裹"卷展栏

【任务实施】圆柱体的 UVW 展开

步骤 1： 创建一个圆柱体，在修改器面板中为其添加"UVW 展开"修改器，如图 6.18 所示。

119

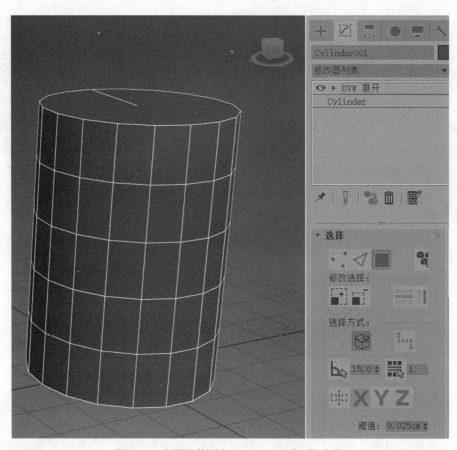

图 6.18　为圆柱体添加"UVW 展开"修改器

步骤 2：准备通过 UVW 编辑器展开圆柱体的 UV，如图 6.19 所示。

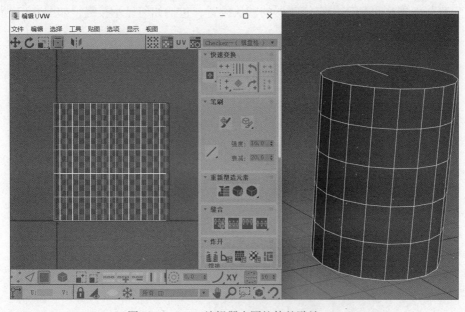

图 6.19　UVW 编辑器中圆柱体的默认 UV

步骤3： 在主视口中用多边形模式选择圆柱体顶面、底面 UV，效果如图 6.20（a）所示。

步骤4： 用"工具"菜单中的"断开"命令或 Shift+E 组合键，把顶底面断开，"断开"选项如图 6.20（b）所示。

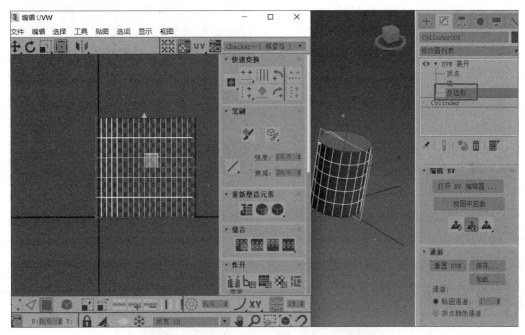

（a）选择顶面、底面的 UV

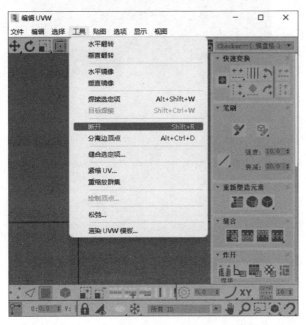

（b）选择"断开"命令

图 6.20　将顶面、底面断开

步骤 5： 断开顶底面后，对顶底面的 UV 进行展平。执行"工具"→"松弛"命令，如图 6.21（a）所示。

步骤 6： 单击"开始松弛"按钮，进行顶面、底面的展平，如图 6.21（b）所示。

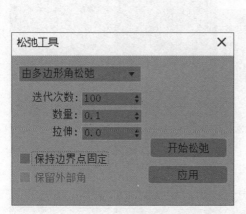
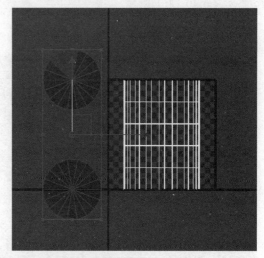

（a）松弛工具 （b）顶面、底面展平效果

图 6.21 应用"松弛"工具

步骤 7： 使用"多边形"模式，按元素选择柱体的 UV，如图 6.22 所示。

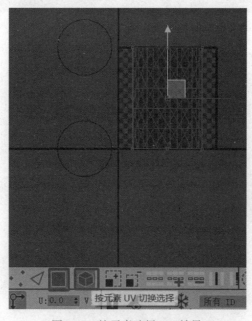

图 6.22 按元素选择 UV 效果

步骤 8： 使用同样的方法，执行"断开"命令，将一条边切开后并执行"松弛"命令，将柱体展平，效果如图 6.23 所示。

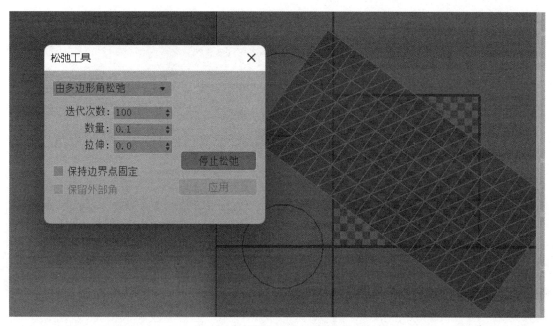

图 6.23 柱体展平后的效果

步骤 9: 展平完成后,将柱体旋转摆正,如图 6.24 所示。

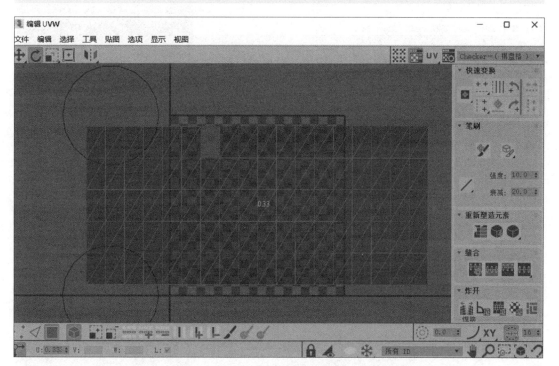

图 6.24 将柱体的 UV 摆正

步骤 10: 选中所有的 UV,将它们摆放到 UV 区,也就是编辑器中间的棋盘格区域,必须平铺,不能有重叠,可以使用自动排列功能,如图 6.25 所示。

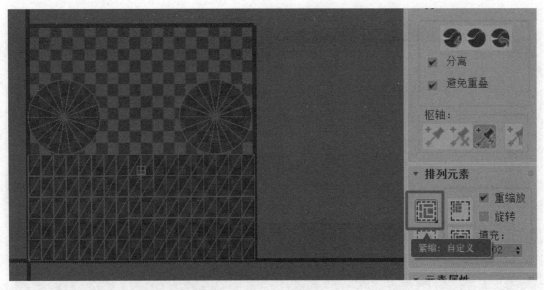

图 6.25　使用自动排列功能

步骤 11：对于展平后的 UV 进行测试，即在 UVW 编辑器右上角的下拉列表中选择 "CheckerPattern（棋盘格）"，观察模型上的棋盘格纹理有无拉伸等变形，如图 6.26 所示。

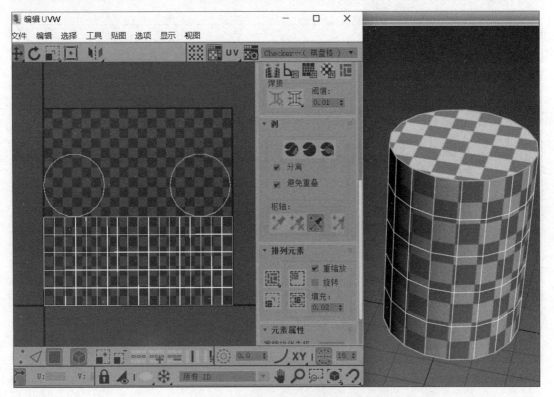

图 6.26　棋盘格正常显示的状态

步骤 12：棋盘格没有拉伸等变形，说明对 UV 的展平操作顺利完成。

任务 6.2 贴 图 类 型

贴图类型

【任务描述】

在游戏开发中，贴图是为游戏模型添加纹理和细节的重要元素。本任务将详细介绍不同类型的贴图，以及它们在游戏开发中的应用和注意事项。

【知识归纳】

在游戏制作过程中，通常会使用多种不同类型的贴图来实现更真实和精美的视觉效果，常见贴图包括以下几种类型。

1. 颜色贴图

颜色贴图主要分为 Diffuse Map（漫反射贴图）、Albedo Map（反照率贴图）、Base Color Map（固有色贴图）3 种类型。

1）Diffuse Map

漫反射是指光线在物体表面被广泛地散射，没有特定的方向。漫反射贴图主要用于表现物体表面的颜色和纹理，它可以通过不同的颜色和灰度值来表现物体的表面细节和质感。且通常比较简单，不需要太多的细节和高光效果。

2）Albedo Map

反照率是指物体表面反射光的能力。该类型贴图主要用于表现物体表面的颜色和反照率，可以通过不同的颜色和灰度值来表现物体的表面颜色和反射效果。与漫反射贴图相比，该类型贴图更注重表现物体的反射和光泽效果。

3）Base Color Map

固有色是指物体本身的颜色。固有色贴图主要用于表现物体表面的基本颜色，可以通过单一的颜色或者渐变色来表现物体的表面颜色。固有色贴图通常比较简单，没有太多的细节和高光效果，如图 6.27 所示。

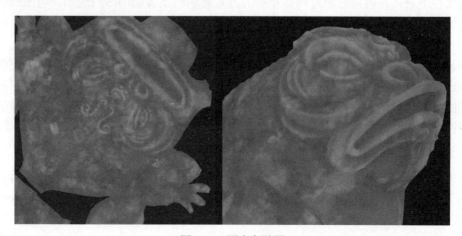

图 6.27　固有色贴图

2. 凹凸贴图

凹凸贴图主要分为 Bump Map（凹凸贴图）、Normal Map（法线贴图）和 Displacement Map（置换贴图），这 3 种贴图均为模型提供了更多的细节。其中，Displacement 有时用于改变模型的顶点位置，而 Bump 和 Normal 则不会，如图 6.28 所示。

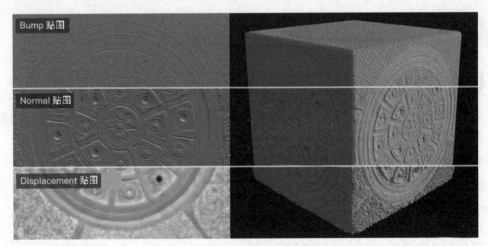

图 6.28　3 种凹凸贴图对比

1）Bump 贴图

Bump 贴图是一种灰度图像技术，通过黑白灰信息记录点的高度，这些信息会告诉三维软件哪些部分应该被视为凸起或凹陷。该类型贴图只包含高度信息，所以它并不能真实地表示物体的凹凸，而只是在视觉上让物体表面有凹凸的变化，从而使得对象表面有更多的细节层次，减少制作模型的复杂程度和制作的工作量。然而，Bump 贴图并不受模型几何形状的限制，所以有时会在摄像机对准模型的棱角时出现穿帮的情况。

2）Normal 贴图

Normal 贴图是一种通过表面法线方向的变化来模拟凹凸效果的贴图技术，可以向模型表面添加细节，如凹凸、刮痕、螺钉、划痕等。其工作原理是将模型的表面细节以纹理的形式保存下来，在渲染时通过调整光照的方式影响模型表面的凹凸效果。与凹凸贴图相比，法线贴图能更真实地表示物体的凹凸，因为它直接控制了模型表面的法线方向。

3）Displacement 贴图

Displacement 贴图是一种直接在模型表面生成凹凸效果的贴图技术。它通过将模型的每个顶点移动到新的位置来创建表面的细节和起伏。其效果非常真实，因为它直接改变了模型表面的几何形状。然而，置换贴图需要大量的计算资源，因此在使用时需要谨慎考虑性能开销。

3. 反射贴图

反射贴图是用于模拟物体表面反射属性的重要图像贴图，根据工作流的不同，其类型也有所不同。以下是 Metal-Roughness Map（金属度贴图）、Specular-Glossiness Map（镜面光泽度贴图）、Anisotropic Map（各向异性贴图）这 3 种类型反射贴图的详细描述和区别。

1）Metal-Roughness 贴图

Metal-Roughness 贴图是一种常见的反射贴图类型，分为 Metallic（金属）贴图和 Roughness（粗糙度）贴图 2 个通道。

（1）Metallic 贴图用于表示物体是否具有金属特性。在 Metallic 通道中，黑色表示非金属，白色表示金属。且此通道有助于区分不同材质，如金属、塑料、皮革等。

（2）Roughness 贴图用于表示物体表面的粗糙程度。在 Roughness 通道中，黑色表示粗糙表面，白色表示光滑表面。且此通道可以用来模拟不同粗糙度的金属、石头、土壤等材质。

2）Specular-Glossiness 贴图

Specular-Glossiness 贴图是一种较新的反射贴图类型，分为 Specular（高光）贴图和 Glossiness（光泽度）贴图两个通道。

（1）Specular 贴图用于表示物体表面的高光效果。在 Specular 通道中，黑色表示没有高光，白色表示高光最亮。此通道可以用来模拟不同材质的高光形状、大小和亮度。

（2）Glossiness 贴图用于表示物体表面的光泽度。在 Glossiness 通道中，黑色表示无光泽，白色表示最亮的光泽。此通道可用来模拟不同光泽度的材质，如金属、玻璃、塑料等。

与 Metal-Roughness 贴图相比，Specular-Glossiness 贴图更易于理解和使用，并且能够更好地模拟真实世界中的反射效果。

3）Anisotropic 贴图

Anisotropic 贴图是一种特殊的反射贴图类型，用于模拟具有方向性的表面反射效果。这种类型的贴图主要用于模拟汽车、摩托车等交通工具的轮胎、玻璃等具有方向性反射的材质。与前两种类型相比，Anisotropic 贴图更复杂，需要更多的计算资源，但在某些特定场景下能够提供更加逼真的反射效果，如图 6.29 所示。

图 6.29　各向异性贴图

4. 结构贴图

结构贴图包括 Ambient Occlusion Map（AO Map，环境光遮蔽贴图）、Cavity Map（缝隙图贴图）、Bent Normal Map（环境法线贴图）、Curvature Map（曲率贴图）、Thickness Map（厚度贴图）等。

1）Ambient Occlusion 贴图

Ambient Occlusion 贴图用于描述较大尺度的光线遮蔽信息，通常由高模烘焙得到。指表面某点能获得多少环境中的光，用来模拟物体之间所产生的阴影，增加不打光时的体积感。

2）Cavity 贴图

Cavity 贴图用于描述比 AO 图尺度更小的光线遮蔽信息，通常由高模或者法线贴图烘焙得到。

3）Bent Normal 贴图

Bent Normal 贴图有助于减少照明构建之后发生的漏光现象。

4）Curvature 贴图

Curvature 贴图存储了网格的凸度 / 凹度的纹理，可用于遮盖表面可能会出现更多磨损、可能发生次表面散射（凸面），或可能积累更多污垢（凹面）的地方，以检查表面的连续性等。

5）Thickness 贴图

Thickness 贴图是一种根据物体厚度生成的灰度贴图，用于在 3D 渲染中增强材质效果。它可以表示物体从一个表面到另一个表面的距离，广泛应用于透明材质、次表面散射（SSS，简称 3S 材质）、烘焙效果等场景，如图 6.30 所示。

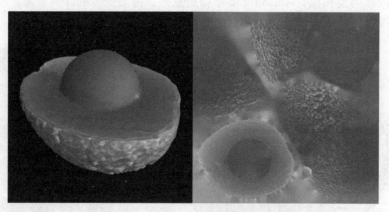

图 6.30　厚度贴图

5. 光照与环境贴图

光照与环境贴图包含 Light Map（光照贴图）、Spherical Environment Map（球面环境贴图）、Cube Map（立方体贴图）、Radiosity Normal Map（辐射度法线贴图）等。

1）Light 贴图

Light 贴图可用于存储预渲染的光照信息及静态模型上的间接光照，解决实时动态光源效果不好且消耗性能的问题。

2）Spherical Environment 贴图

Spherical Environment 贴图是最简单的反射映射技术之一。该类型贴图将环境光存储在球面上，然后用环境光渲染整个物体。

3）Cube 贴图

Cube 贴图是环境映射的一种实现方法。环境映射可以模拟物体周围的环境，而应用了环境映射的物体看起来像镀了层金属一样能反射出周围的环境。

4）Radiosity Normal 贴图

Radiosity Normal 贴图是光贴图和法线贴图的特殊混合。可以将照明作为一组 3 个光照贴图进行烘焙，以存储照明矢量，而不仅仅是亮度和颜色，这使得表面法线贴图可以接收定向照明。因此，烘焙过的照明信息可以更准确地映射凹凸纹理。

6. 其他贴图

1）Emissive Map（自发光贴图）

Emissive Map 用于控制表面发射光的颜色和亮度。当场景中使用自发光材质时，看起来会像一个可见光，物体将呈现发光效果，如图 6.31 所示。

图 6.31　自发光贴图

2）Opacity Map（不透明贴图）

Opacity Map 用于定义贴图的不透明度，用于裁剪表面的一部分。其中黑色为透明部分，白色为不透明部分，灰色为半透明部分。

3）Position Map（位置贴图）

Position Map 使用 R、G、B 3 个通道分别描述 X、Y、Z 轴上顶点对应的位置。

【任务实施】

步骤 1：打开 Substance Painter 的样本任务 Preservative 文件。

步骤 2：试着绘制材质球，并添加其他材质，如破损、划痕等。

步骤 3：导出颜色贴图、法线贴图、位置贴图、光泽度贴图、金属度贴图、粗糙度贴图、高光贴图、AO 贴图、置换贴图、曲率贴图、厚度贴图、自发光贴图、不透明贴图、光照贴图等。

任务 **6.3** 烘 焙 贴 图

烘焙贴图

【任务描述】

烘焙贴图是一种将高精度模型的纹理细节信息传递至低精度模型的技术。通过烘焙，可以将高精度模型的细节信息，如纹理、凹凸、法线等，传递给低精度模型，使其拥有相似的视觉效果，同时降低模型的复杂度。本任务通过带领读者学习，使其可以更高效地创建逼真的建模视觉效果。

【知识归纳】

具体来说，烘焙贴图包括以下步骤。

1. 准备高精度模型和低精度模型

首先需要准备一个高精度模型和一个低精度模型，高精度模型包含更多的细节信息，低精度模型则用于烘焙这些细节信息。

2. 纹理映射

在高精度模型上贴上纹理，并使用纹理映射技术将纹理坐标传递到低精度模型上。

3. 烘焙设置

选择合适的烘焙参数，如距离阈值、角度阈值等，这些参数将决定哪些细节信息会被转移到低精度模型上。

4. 烘焙过程

通过烘焙工具或软件，将高精度模型的细节信息烘焙到低精度模型的纹理中，这一过程可以通过手动调整或自动算法完成。

5. 调整和优化

烘焙完成后，需要检查低精度模型的纹理效果，并进行调整和优化，以确保细节信息的准确性和一致性。

通过烘焙贴图技术，可以将高精度模型的细节信息转移到低精度模型中，从而实现在保持细节信息的同时，降低模型的复杂度并减少文件大小。这种技术在游戏开发、电影制作、虚拟现实等领域有着广泛的应用。

【任务实施】

步骤 1：准备一个高模和一个低模（确保低模有平滑组），打开 Substance Painter（见图6.32）。执行"文件"→"新建"项目（快捷键 Ctrl+N），如图 6.33 所示。在"新项目"对话框中单击"选择"按钮，找到低模并单击"确定"按钮后，可以显示带有模型的主界面，如图 6.34 所示。

图 6.32　Substance Painter 主界面

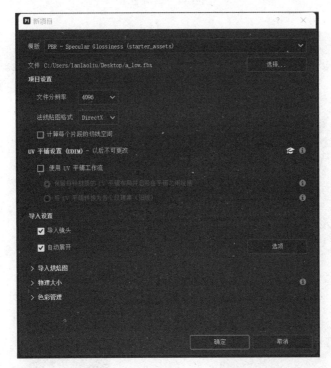

图 6.33　"新项目"对话框

　　步骤 2：单击图层旁的"纹理集设置（TEXTURS SET SETINGS）"选项卡（见图 6.35），单击下面的"烘焙模型贴图"按钮会出现烘焙面板（见图 6.36），在"网格图烘焙"面板中的是所需要的贴图类型，如图 6.37 所示。可勾选所需要的类型，单击 Common settings 按钮会出现相关的网格图设置，选择要烘焙的贴图大小即可。

图 6.34　烘焙贴图

图 6.35　纹理集设置

图 6.36　烘焙面板

　　步骤3： 在"网格图设置"面板中找到"高模参数"设置项，如图6.38和图6.39所示。单击最右侧的"保存"小图标，会弹出计算机路径。找到自己的高模并打开，会看到类似低模被高模包裹住的视图，效果如图6.40所示。

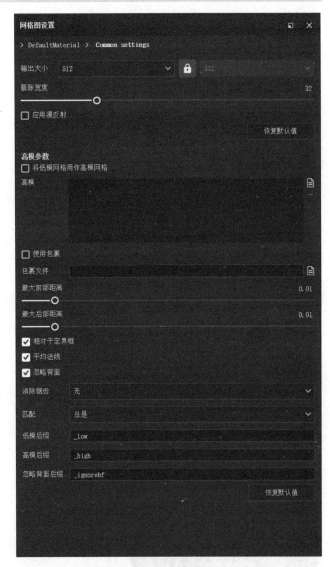

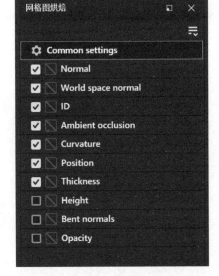

图 6.37　贴图类型　　　　　　　　　　　　　　　图 6.38　网格图设置

高模参数

☐ 将低模网格用作高模网格

高模

图 6.39　高模参数

步骤4："网格图设置"面板中的"高模参数"设置项下有两项数值设置（见图6.41）。其中，"最大前部距离"可以按照自己的需求调整，该值是指低模包裹住高模的范围调整，如图6.42所示。在输出文件里调整图像参数（见图6.43），需要用低模完全包裹住高模。

图6.40　低模被高模包裹的效果　　　　　　　　图6.41　包裹距离参数

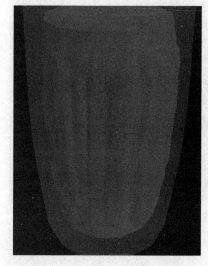

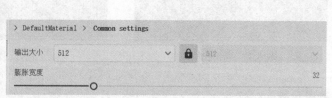

图6.42　包裹高模　　　　　　　　　　图6.43　图像参数

步骤5：设置完成之后单击"烘焙所选纹理"按钮（见图6.44）即可，然后单击"返回至绘画模式"按钮，即可看到高模的纹理已经烘焙至低模了（见图6.45）。

图 6.44 "烘焙所选纹理"按钮

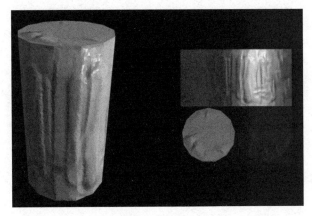

图 6.45 纹理效果

步骤 6: 执行"文件"→"导出贴图"命令（Ctrl+Shift+E），在"输出目录"中选择导出的位置（见图 6.46），勾选 DefaultMaterial 复选框，在"输出贴图"面板中勾选贴图类型（见图 6.47），在出现的"输出模板"选项卡中单击"导出"按钮即可，如图 6.48 和图 6.49 所示。

图 6.46 选择导出的位置

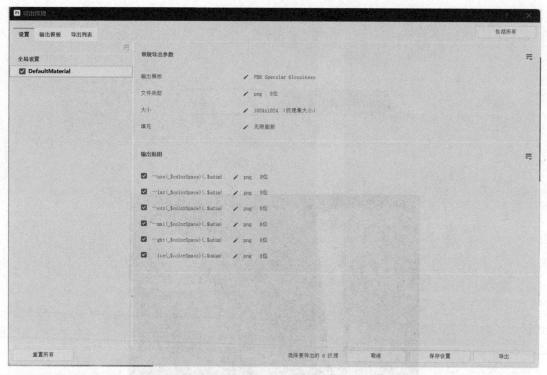

图 6.47　勾选贴图类型

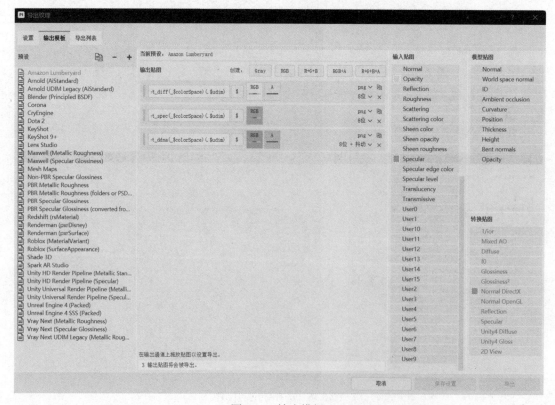

图 6.48　输出模板

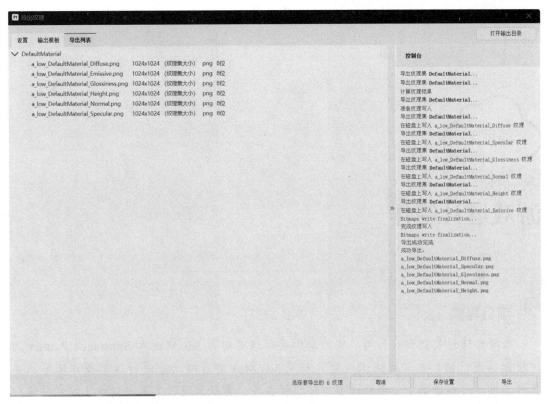

图 6.49　导出列表

项目 7

游戏道具制作

 项目导读

　　本项目通过长剑和战斧两个实践案例带领读者练习 3ds Max 和 Substance Painter 的建模和贴图功能。读者将快速有效地利用 3ds Max 的各项功能进行建模操作练习，并熟练掌握如何在建模中使用标准基本体、样条线、常见修改器工具来创建、制作并修改模型。

　　通过完成本项目，读者将熟练掌握 3ds Max 和 Substance Painter 的各项功能并提升模型制作能力，积累相关经验。

学习目标

- 掌握长剑的建模操作方法及细节。
- 掌握战斧的建模操作方法及细节。

职业素养目标

- 要有丰富的想象力和创造力，能够创作出独具特色的游戏道具。
- 在制作游戏道具的过程中需要细心对待每一个细节，保证作品的质量。

职业能力要求

- 掌握相关软件的各项功能，掌握游戏道具模型的制作流程并且能够熟练制作贴图纹理。
- 具备良好的美术功底和审美能力，能够制作出符合游戏风格和故事背景的道具。
- 掌握纹理绘制软件技巧，能够制作逼真的纹理贴图，为道具增加细节和真实感。

项目重难点

项目内容	工 作 任 务	建议学时	技 能 点	重 难 点	重要程度
项目7　游戏道具制作	任务 7.1　游戏道具制作——长剑	16	学习长剑建模全流程	掌握长剑建模流程和操作方法	★★★★★
	任务 7.2　游戏道具制作——战斧	20	学习战斧建模全流程	掌握战斧建模流程和操作方法	★★★★★

任务 7.1　游戏道具制作——长剑

【任务描述】

本任务将在读者对 3ds Max 和 Substance Painter 有一定了解与制作经验的基础上，通过学习游戏道具——长剑的建模与贴图制作，帮助读者在实际操作中更加熟练地掌握道具模型的制作方法和贴图制作流程。

【任务实施】

1. 单位设置

步骤 1: 选择"自定义"菜单→"单位设置"选项，在"单位设置"对话框中将"公制"一栏的单位改为"厘米"，并将上方"系统单位设置"中"系统单位比例"也改为"厘米"。

步骤 2: 右击"捕捉开关"图标，如图 7.1 所示，在"栅格与捕捉设置"对话框的"捕捉"选项卡中将"栅格点"复选框的勾选取消，同时勾选"顶点"复选框，并在"选项"选项卡中按图 7.2 所示勾选"启用轴约束"复选框。

图 7.1　勾选"顶点"　　　　图 7.2　"启用轴约束"选项

步骤 3：建模过程中需单击"角度捕捉"图标将角度捕捉打开，随后右击视口中左上角的"+"号，依次单击"配置视口"→"视口配置"对话框→"灯光"选项，将其改为"默认灯光"。取消"用边面显示选定对象"这一选项的勾选，将"显示性能"中所有数值改为"4096 像素"。

步骤 4：创建一个平面，将右侧"参数"选项卡中"长度""宽度"的"分段"数值全部清除。然后将原画拖入平面中，设置好比例并将其转换为可编辑多边形，效果如图 7.3 所示。

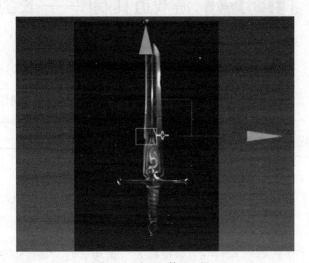

图 7.3　平面上拖入原画

长剑中模制作

步骤 5：右击模型后单击"对象属性"选项，在"对象属性"对话框中取消"以灰色显示冻结对象"一栏的勾选，单击"确定"按钮后右击平面，单击"冻结当前选择"按钮。

2. 制作中模

步骤 1：新建一个平面，在右侧"参数"窗口中将"长度""宽度"的分段数值归零，将其转换为可编辑多边形，可单击 plane002 后面的方块，将模型线框改为黑色，按 M 快捷键打开材质编辑器，赋予平面一个材质。按住 Shift+鼠标左键拖动，复制出一个平面，再使用快捷键 Alt+X 使平面透明化。

步骤 2：制作剑刃。模型左右对称时创建一半即可。在"边"模式下对模型进行卡线时，可以选中两条边并使用快捷键 Ctrl+Shift+E 执行"快速连线"命令。单击"目标焊接"按钮，将顶部的点焊接做出剑尖，按图 7.4 所示调整结构。对弧度较大的面，通过"连接"按钮进行加线，效果如图 7.5 所示。在"多边形"模式下，选中剑刃部分的外侧结构，在右侧"编辑多边形"选项卡中单击"插入"按钮后小窗口，拖动调整到合适的面，随后优化布线，如图 7.6 所示。

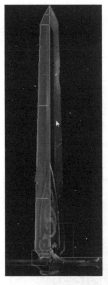

图 7.4 单侧剑刃模型

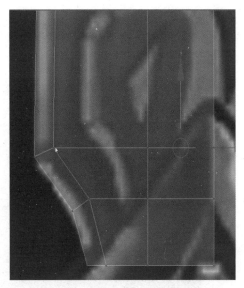

图 7.5 加线效果

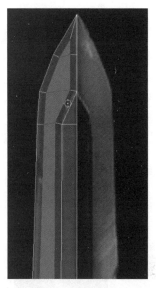

图 7.6 "插入"效果

步骤 3：调整模型厚度，先检查轴向，通过右侧"层次"选项卡中的"仅影响轴"按钮调整坐标轴。随后依次单击"修改"→"修改器列表"→"对称"选项，再单击下方"镜像轴"选项卡中的 X 轴，同时勾选 X 轴后的"翻转"选项，此时可以按住鼠标左键拖动模型。

步骤 4：在"多边形"模式下选中剑刃内侧的面，向外拉出一个轻微的厚度，再根据原画进行调整，效果如图 7.7 所示。单击"修改器列表"选项卡下方的"对称"选项即可看到有体积感的完整剑刃。为已经左右对称的模型再添加一个"对称"效果，如图 7.8 所示，单击"镜像轴"选项卡中的 Z 轴，使其背面与正面对称，完成后查看模型，再对其进行优化调整。

图 7.7 剑刃

图 7.8 剑刃对称效果

步骤 5: 选中对应的面,在右侧工具栏中下滑并找到"多边形:平滑组"选项卡,先单击"清除全部",再单击"自动平滑"按钮,效果如图 7.9 所示。剑刃末端两个曲面是硬表面,单独选中为其设置其他平滑组,如图 7.10 所示。中心凹陷结构也选中并设置光滑组。

图 7.9 "自动平滑"效果

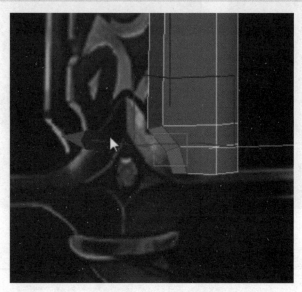

图 7.10 选中硬表面

步骤 6: 制作剑格。剑格部分仅需创建四分之一,制作完成后用"镜像"工具复制出整体模型即可。创建一个平面,在侧视图中将平面拖动至与剑格齐平的位置,使用快捷键 Alt+X 将其透明化。按图 7.11 所示做出基本分段,切换至"边"模式并选中上下两条边,按快捷键 Ctrl+Shift+E 将其连接,并调整形状。

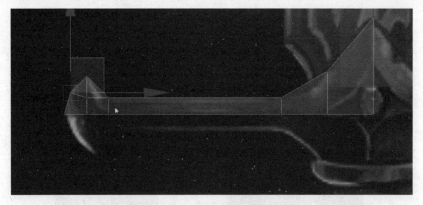

图 7.11 基本分段

步骤 7: 复制 3 个模型使剑格模型上、下、左、右对称,在添加"对称"效果前要检查轴向。在"边"模式下,按快捷键 Ctrl+Shift+E 添加连接线,按图 7.12 所示在宝石周围布线并调整轮廓。切换至"顶点"模式,在"约束"选项卡中勾选"边"选项调整点的位置,这样在拖动点时会受已添加的线约束,只能在线的方向上拖动顶点。

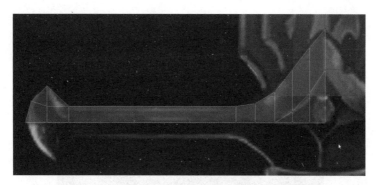

图 7.12　调整轮廓和加线

步骤 8：做出厚度。按住 Ctrl 键进行加选，选中图 7.13 中所示的点，拖动以使其凸起。图中剑格不是方正的造型，可以按 T 快捷键切换至顶视图，将选中的点拉出相应的体积后再细分调整，使模型棱角更平滑。

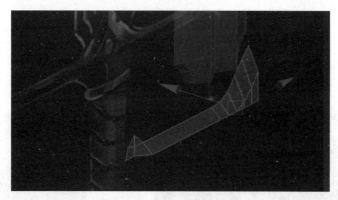

图 7.13　拉出剑格的厚度

步骤 9：下一步是调整侧边刃的位置。在"多边形"模式下，选中所需做出刃的面的边缘位置，如图 7.14 所示，单击"插入"按钮生成内环线，做出边刃轮廓。切换至"边"模式，运用"切割"工具调整布线并删除多余的线。选中并按住 Shift + 鼠标左键拖动如图 7.15 所示的边，沿 Y 轴移动并复制出一小块面，再切换至"多边形"模式为新生成的小面分平滑组。

图 7.14　"插入"效果

图 7.15　做出小面

步骤 10: 如图 7.16 所示,在剑格尖角内侧运用"切割"工具切一条斜线。随后再调整整体造型。

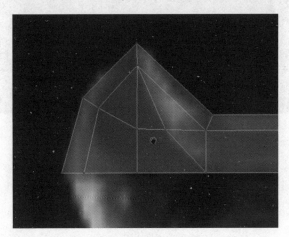

图 7.16　切割线效果

步骤 11: 将剑身与剑格拼合。如图 7.17 所示,选中图中的一排点,在顶视图中将一排点拖动至合适位置,效果如图 7.18 所示。再配合剑身对模型整体进行调整,调整后可添加一个对称效果,以查看长剑的整体造型。

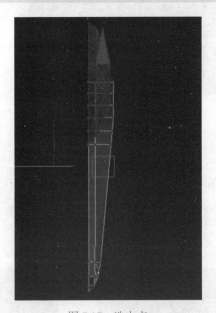

图 7.17　选中点　　　　　　　　　　　图 7.18　调整点

步骤 12: 在"修改器列表"中删除剑格模型的"对称"效果,只保留左侧上半部分模型。再选中模型,重新添加一个上下"对称"效果,并将其转换为可编辑多边形。下半部分剑格可直接穿至剑柄的范围内,效果如图 7.19 所示。

⚠ 注意: 不需要严格按原画布线,可以对原画中中线不直的地方进行合理优化。

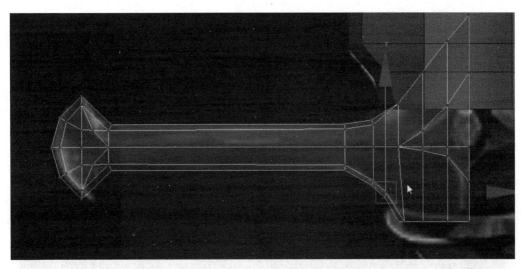

图 7.19　上下对称效果

步骤 13：制作剑格宝石周边凸起的造型。选中图 7.20 所示的星形斜线，再依次单击"修改器列表"选项卡→"可编辑多边形"选项→"边"模式中的"利用所选内容创建图形"，用线条形状创建图形，在弹出的对话框"创建图形"中勾选"线性"选项。

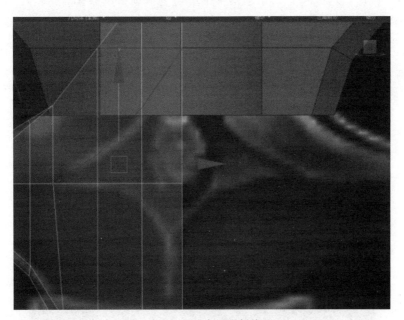

图 7.20　选中星形斜线

步骤 14：完成创建后退出"可编辑多边形"模式，在左侧工具栏中选择刚创建的线，勾选"渲染"选项卡中的"在视口中启用"选项，将"边"的数值更改成 4，并输入"角度"数值为 45，生成一个相对方正的条状模型并转换为可编辑多边形，效果如图 7.21 所示。

图 7.21　调整框的厚度和形状

步骤 15：按图 7.22 所示，选中星形框下端的上下边，添加连接线。然后选中侧边按快捷键 Alt+R 循环选中一圈，按快捷键 E（"选择并均匀缩放"工具）将这段模型拉长并保持其原本角度，再将刚添加的连接线删除，在星形框上段重复此操作。

⚠**注意**：制作时可以使模型延伸过中线，以方便后期做对称效果。

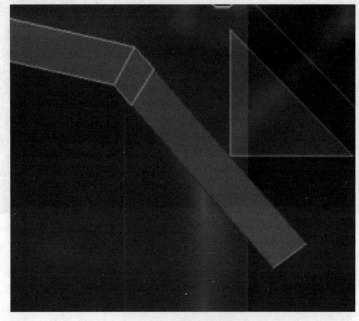

图 7.22　拉长模型下端

步骤 16： 使用"切片平面"工具将黄色切片框旋转并吸附至中线位置，单击"切片"按钮将多余的面删掉。孤立显示编辑的模型，将其背面删除，效果如图 7.23 所示。

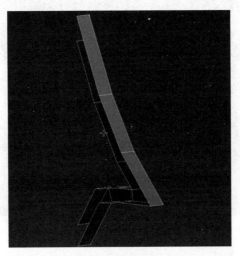

图 7.23　删除背面模型

步骤 17： 选中模型正面中所有横向线段，用"连接"工具添加两条线。随后全选中间新生成的连接线，按住鼠标左键沿 Y 轴拉出厚度，并为内外侧的面分光滑组。注意，分光滑组时先单击"清除全部"按钮，再分光滑组。完成后减选上半部分，将下半部分再分一次光滑组，如图 7.24 所示。

图 7.24　分光滑组后效果

步骤 18： 为剑格、剑身模型分光滑组。通过"仅影响轴"按钮，用捕捉功能将轴心吸附至正确位置，然后通过"对称"命令为模型添加一个左右对称效果。宝石凹槽四角模型的中心轴的调整方法同上，效果如图 7.25 所示。

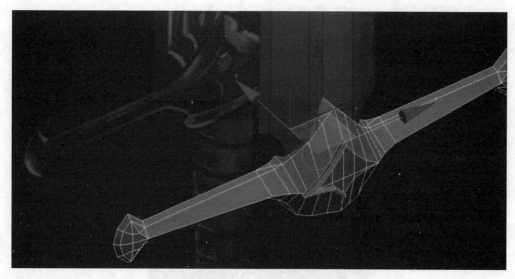

图 7.25　左右对称效果

步骤 19：制作剑柄。创建圆柱体，修改基本参数，并赋予圆柱体一个基础材质球，将其转换为可编辑多边形，在"顶点"模式下框选点并调整结构，效果如图 7.26 所示。框选剑柄竖线后，按快捷键 Ctrl+Shift+E 执行"连接"命令。再生成两条线卡住上端圆环结构，在下端添加横向连接线，并按快捷键 R（"选择并均匀缩放"工具）按图 7.27 对顶点进行缩放调整，缩放时沿 X、Y 轴拖动缩放即可，对上方圆环部分重复上述相同操作。

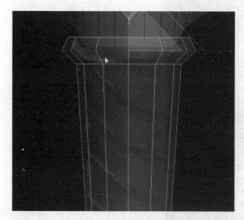

图 7.26　卡圆环结构

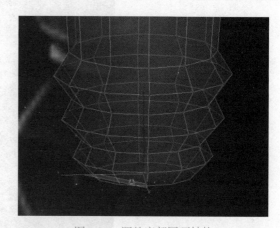

图 7.27　调整底部圆环结构

步骤 20：如图 7.28 所示，在"多边形"模式下将底部的面删除。切换至"边"模式，按住 Shift + 鼠标左键沿 X、Y 双轴向内拖动，使其收缩，再右击模型并执行"封口"和"塌陷"命令。对上端的面重复同样的操作。随后再分光滑组完成剑柄模型的制作，效果如图 7.29 所示。

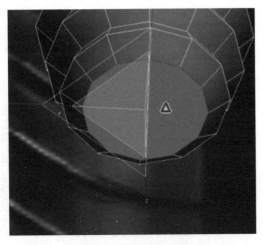

图 7.28　选中底部面删除

图 7.29　分光滑组效果

步骤 21：制作剑柄末端的小圆饼。制作时，可选择剑柄模型部分面的同时按住 Shift 键向下拖动，以移动并复制得到一个模型，效果如图 7.30 所示。将坐标轴调整到物体中心，将模型拖至对应位置进行缩放，转至模型底部并选中中心顶点向下拉，调整其形状。再切换至"边界"模式，选中上端的边界，按住 Shift 键向内拖动以复制，右击并执行"封口"和"塌陷"命令。

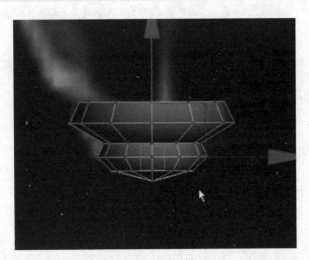

图 7.30　小圆饼模型

步骤 22：制作剑柄末端的菱形体。在顶视图中创建一个长方体模型，将它转换为可编辑多边形并按快捷键 Alt+X 使其透明化。通过"连接"命令添加线条，并调整模型上下斜边的角度，效果如图 7.31 所示。使用"角度捕捉"工具旋转复制一个菱形模型，在"克隆选项"中以实例复制模型后，将备用模型放在旁边。使用"捕捉"命令将模型吸附至上方模型的中心底点，对齐剑柄后再对模型整体进行调整，效果如图 7.32 所示。

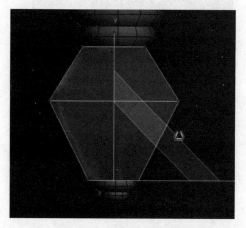

图 7.31　创建菱形体结构

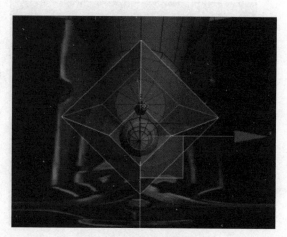

图 7.32　吸附至中心底点

步骤 23：选中备用模型中所有横向线段，按快捷键 Ctrl+Shift+E 执行"连接"命令，选中四面连接线中间的点并向上拖动。再按图 7.33 所示，为菱形体上端选中的面分光滑组。注意，此步骤在复制的模型上操作是因为复制模型为"实例"模型，在复制模型上操作，本体模型也会实时变化。

图 7.33　连接线段与"分光滑组"效果

步骤 24：为剑刃和剑格的背面部分添加"对称"效果，按快捷键 F4 关掉线框模式，旋转视图以查看中模整体，效果如图 7.34 所示。

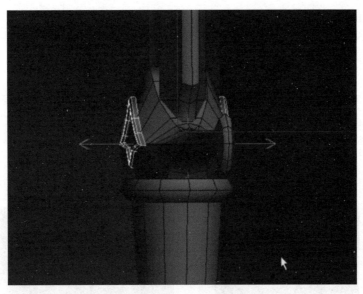

图 7.34 中模成品

3. 高模制作

步骤 1：制作前，先按住 Shift + 鼠标左键拖动模型，将长剑中模复制一层，在"克隆选项"对话框中勾选"复制"选项。将复制的模型命名并开始制作高模。在顶视图中按快捷键 Alt+Q 将剑刃模型"独立显示"。删除剑刃背面，按图 7.35 所示分光滑组。

⚠ 注意：和中线相接的部分都需要细分光滑组。

长剑高模制作

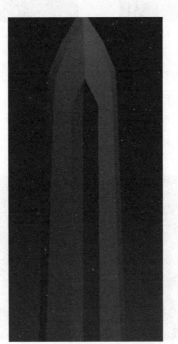

图 7.35 剑刃的"分光滑组"效果

步骤 2： 单击"镜像"图标，在"镜像：世界 坐标"对话框中勾选"Y 轴"以将模型镜像。如图 7.36 所示，选中侧面的一条边后按快捷键 Alt+R 双击循环选中一圈，再按 Ctrl 键切换至"多边形"模式，为选中的面分光滑组。

步骤 3： 退出"可编辑多边形"模式后，选中一半模型并单击"附加"按钮，在"附加列表"中选中另一半，使一半模型附加至另一半模型上。在"顶点"模式下框选所有点并单击"焊接"按钮，焊接完成后检查是否有遗漏。如图 7.37 所示，为分好光滑组的模型添加"涡轮平滑"效果。

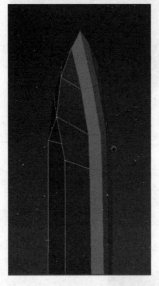 

图 7.36　循环选中一圈面　　　　　　图 7.37　添加"涡轮平滑"效果

步骤 4： 切换至"可编辑多边形"模式，单击"显示最终结果开 / 关切换"图标，在"边"模式下选中剑刃的整体线段，单击"连接"按钮添加线以做出结构变化。转到顶视图，框选剑身两侧的点，按快捷键 R（"选择并均匀缩放"工具）调整剑身厚度，效果如图 7.38 所示。

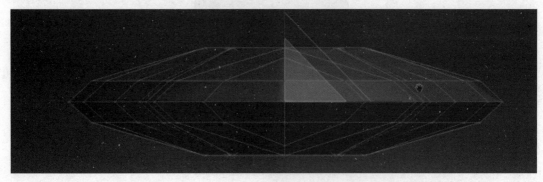

图 7.38　调整剑身厚度

步骤 5：按快捷键 Alt+Q 退出"独立显示"，切换至剑格模型后再次开启"独立显示"。分光滑组前删除其余"对称"效果，只保留正面左右的"对称"效果。随后细分正面模型的光滑组；注意，和中线相接的面都要细分光滑组。细分完成后再对模型添加"对称"效果，并右击模型后选择"塌陷"选项。对模型各个部分细分光滑组，弧度较大处需单独分光滑组，关闭线框后检查模型的光滑组，效果如图 7.39 所示。

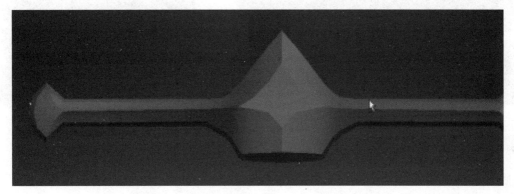

图 7.39 　剑格"分光滑组"效果

步骤 6：检查边界有无断开、错误。添加"涡轮平滑"效果，按快捷键 F4 显示线框并在"主体迭代次数"中添加布线。布线后再次添加"涡轮平滑"效果，并在隐藏线框后检查整体模型。再切换至"可编辑多边形"模式，如图 7.40 所示，单击"显示最终结果开 / 关切换"图标，使用"切割"工具调整布线。

⚠️ **注意**：卡线时只调整前侧左半边模型。

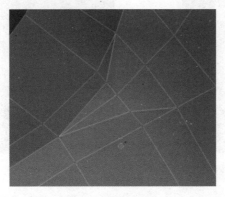

图 7.40 　调整布线

步骤 7：制作剑格上的四角框。四角框造型相对简单，调整框的数值使其稍微变宽。在"多边形"模式下选中正面的所有面以调整其形状，再将其左右"对称"效果转换为可编辑多边形后再细分光滑组。添加"涡轮平滑"效果，如图 7.41 所示，添加"涡轮平滑"效果后内角不够锐利，在"多边形"模式下框选上下角的内角部分，用"切片平面"工具进行切线，完成后转至"涡轮平滑"效果检查整体模型，效果如图 7.42 所示。

图 7.41　星形框"涡轮平滑"效果

图 7.42　切片效果

步骤 8：如图 7.43 所示，在剑柄处添加"涡轮平滑"效果。在"边"模式下框选剑柄的所有边，通过"连接"工具添加两条线，并上下拖动两条线以调整其间距，效果如图 7.44 所示。

图 7.43　"涡轮平滑"效果

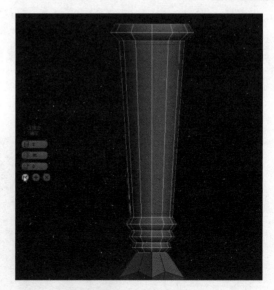

图 7.44　"生成连接线"效果

步骤 9：为剑柄下的菱形体分光滑组，分完后再添加两次"涡轮平滑"效果。在中线下端横向处添加连接线做弧形结构，锁边后使这里的造型显示出更明显的硬边，效果如图 7.45 所示。

步骤 10：为菱形下方的小圆饼细分平滑组，再添加两个"涡轮平滑"效果，效果如图 7.46 所示。

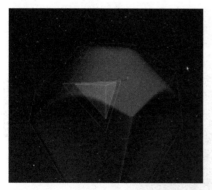

图 7.45 添加线以调整菱形体

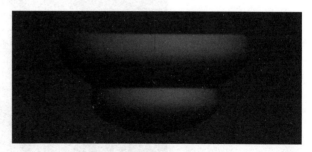

图 7.46 添加"涡轮平滑"效果

步骤 11： 补充剑格上宝石部分的模型。创建一个圆柱体，转换至可编辑多边形后将圆柱体后半段删除，只留下一个薄片。按图 7.47 所示转至正视图并选中圆形的面，按快捷键 R（"选择并均匀缩放"工具）沿 Y 轴将圆形拉伸成椭圆形，拖至剑格上与中心位置对齐，并单击"插入"按钮做出厚度。切换至"边"模式，选择边界并沿着 Y 轴拉伸出厚度，使其插入剑格，效果如图 7.48 所示。再对模型分光滑组，删除正面的圆形面。选中内侧边，按住 Shift + 鼠标左键拖动并向内收，右击模型后选择"封口"和"塌陷"选项，再添加两个"涡轮平滑"效果，完成后检查整体模型。

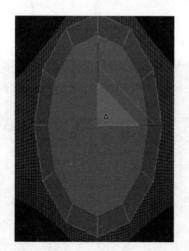

图 7.47 椭圆形面

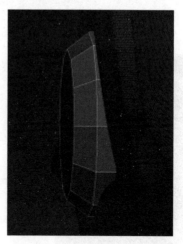

图 7.48 插入剑格效果

步骤 12： 制作长剑的花纹底座。将做好的剑身模型复制一个，使用"选择并移动""选择并均匀缩放"等工具将其修改为花纹底座。再删除一半模型并按花纹底座的原画进行调整。调整完后，将模型轴对至模型中心点，再做出"对称"效果。选中后面的边，按住 Shift 键挤出厚度，使其插入剑身模型。确定好穿插的位置后再细分光滑组，分好后添加"涡轮平滑"效果，效果如图 7.49 所示。

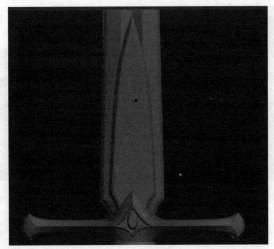

图 7.49　底座的"涡轮平滑"效果

步骤 13：创建花纹。创建一个平面，将其透明化。创建花纹的思路就是对平面不断地进行边复制、拉伸出结构，将花纹的平面造型制作出来。所以需要在创建的过程中灵活运用"塌陷""选择并旋转""选择并均匀缩放""插入"等工具制作花纹，效果如图 7.50 所示。生成一段长花纹后，如想制作其他花纹，可在"多边形"模式下选中一段面，按住 Shift 键拖动以克隆出一个小方块，重复上述操作即可，布线尽量匀称，稍后再添加其他花纹，效果如图 7.51 所示。

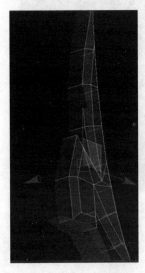

图 7.50　制作花纹

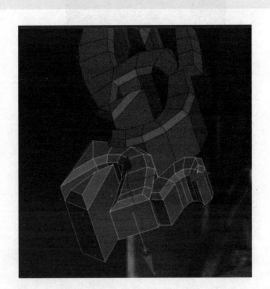

图 7.51　添加其他花纹

步骤 14：制作完成后需要调整各部分的层次关系。调整后细分花纹各部分的光滑组并添加"涡轮平滑"效果。以上步骤完成后即可退出"独立显示"模式，将制作好的花纹拖至剑身上合适的位置即可，效果如图 7.52 所示。

4. 低模制作

步骤 1：选择制作好的中模，单击"层资源管理器"图标，将其复制一个。选中复制的中模，单击"场景资源管理器"→"层资源管理器"图标后再单击加号以新建一个低模层。单击中模层前面的眼睛图标，将其隐藏。删除复制模型的"涡轮平滑"效果和花纹模型，使模型处于原始的"可编辑多边形"模式下。开始对结构做修改，在"多边形"模式下将剑刃背面和右半边删除，卡边缘的结构线也一并删除，随后使用"塌陷""封口"等工具简化当前模型。其他部分重复上述操作，按高模的造型来简化布线，效果如图 7.53 所示。

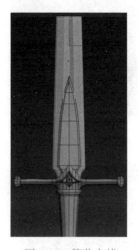

长剑低模制作

图 7.52　花纹成品　　　　　　　图 7.53　简化布线

步骤 2：删除剑格上的四角形框。对宝石部分做减面的操作，将宝石正面的平面部分删除，右击后选择"封口"选项，再选中"封口"后面的点，对点添加横向连接线，这是为了在不动造型的情况下尽量减少面数，效果如图 7.54 所示。再对剑柄进行减面操作，剑柄的底部和顶部与宝石减面操作相同，删除面后对其进行"封口"并点对点添加连接线。剑柄是个圆柱体，所以不需要删除背面和对右半边部分进行减面，完成效果如图 7.55 所示。

图 7.54　添加横向连接线　　　　　图 7.55　剑柄低模

步骤 3： 制作剑柄处的菱形体。菱形面数很少，只需按图 7.56 所示删减横向中线、顶部、底部中心的四角面，完成后检查布线。只需对菱形体下方的圆饼顶部的圆形面做减面处理，效果如图 7.57 所示。

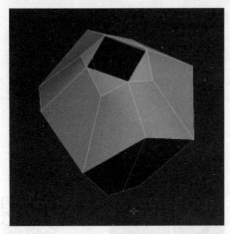

图 7.56　菱形体低模

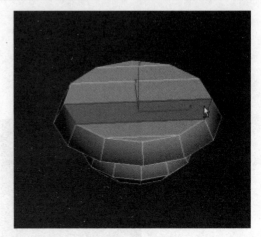

图 7.57　减面效果

步骤 4： 完成低模制作后，复制一遍高模，将其冻结。在"场景资源管理器"对话框中隐藏低模，再去复制高模，目的是对比高模和低模间位置、造型有无问题。选择中模，并赋予亮色材质，随后如图 7.58 所示，用低模包裹中模。

⚠ **注意：** 如果转角处线条过多，需要将线删除、整理。

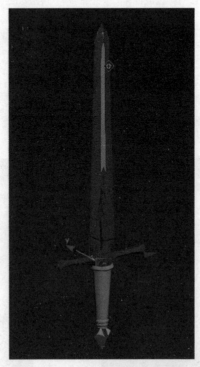

图 7.58　"低模包裹中模"效果

步骤 5：低模包裹中模时，每个部分需要 50% 左右的包裹，效果如图 7.59 所示。

⚠ **注意**：低模的每个关键顶点位置都需要与中模匹配。

图 7.59　包裹 50% 的效果

步骤 6：处理宝石。如图 7.60 所示，可以看到处理过的低模不能包裹宝石。这种结构简单，仅需在正视图中匹配好外侧一圈的顶点即可，效果如图 7.61 所示。

图 7.60　宝石包裹效果　　　　　图 7.61　对应顶点

步骤 7：处理剑柄。如图 7.62 所示，在"边"模式下选中圆柱体横向凸起的线并进行缩放，右击"选择并均匀缩放"工具🔲，在弹出的"缩放变换输入"对话框中调整数值。

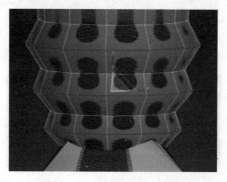

图 7.62　"缩放变换"效果

步骤 8： 在制作过程中如果发现中模有问题，可先隐藏低模，对中模进行优化调整。如图 7.63 所示，花纹没有充分穿插，需要拉下部分顶点以呈现完整的穿插，图中剑格的锐角被花纹挡住，可按图 7.64 所示将花纹移动、收缩调整。

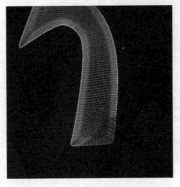

图 7.63　调整中模

图 7.64　移动花纹

步骤 9： 调整完成后整体查看一下，对模型不合理处进行调整。可对图 7.65 所示的剑格下方再次进行细分光滑组。随后对整个模型细分光滑组，删除结构线后不能卡结构的地方不需要细分光滑组，如剑身、宝石部分可以整体分一个组，效果如图 7.66 所示。

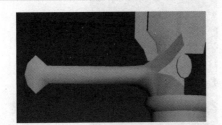

图 7.65　调整不合理处

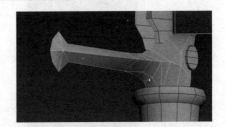

图 7.66　"分光滑组"效果

5. 展 UV

步骤 1： 对各个部分的低模 UV 进行分展、摆放并烘图。选中其中的一个低模模型，在"修改器列表"中单击"UVW 展开"，再按快捷键 Ctrl+E 打开"编辑 UVW"工具窗。单击"显示对话框中的活动贴图"图标，将其关闭，随后选择上方"选项"标签中的"始终显示编辑窗口"选项，将其勾选。再按图 7.67 所示，选择上方的"将当前设置保存为默认设置"选项。

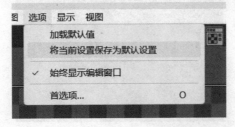

长剑 UV 展开

图 7.67　"将当前设置保存为默认设置"选项

步骤 2： 设置后，选中所有低模并按快捷键 M 打开"材质编辑器"，选择"漫反射"选项颜色块后的正方形，找到棋盘格贴图并单击"确定"按钮，棋盘格如图 7.68 所示。选中所有低模后执行"实用程序"→"重置变换"命令，再将其转换为可编辑多边形。开始分展 UV，在"编辑 UVW"工具窗中框选 UV，依次单击"投影"对话框→"平面贴图"图标→"拍平"，随后再单击一次以取消"拍平"。在"编辑 UVW"工具窗中右击后单击"松弛"选项旁边的窗口，再单击"松弛"工具开始对其进行松弛操作，然后得到模型的平面 UV 图形。展完 UV 后，在模型视口中将其转换为可编辑多边形。分展花纹底座模型 UV，这部分需单击"通过平滑组展平"图标。每部分模型展完 UV 后，将 UV 拖至 UV 框外搁置，并右击将其转换为可编辑多边形。

图 7.68　棋盘格贴图

　　步骤 3： 将剑柄左右对半断开，再用"松弛"工具将其两侧分别展开 UV。松弛后 UV 会重叠，这时单击"编辑 UVW"工具窗下方的"按元素 UV 切换选择"图标，再挪开重叠的 UV 即可。剑柄上下圆面不需要分割 UV，可以在"编辑 UVW"工具窗中选中分割部分的线并单击"向下缝合"图标，再选择"由多边形角松弛"选项，效果如图 7.69 所示。

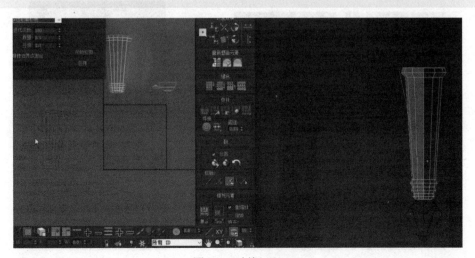

图 7.69　剑柄 UV

步骤4：重复上述分展剑柄的方式分展菱形体、小圆饼 UV。如图 7.70 所示，在"编辑 UVW"工具窗中选择需要断开的线，单击"断开"图标后使用"由多边形角松弛"工具展开即可。

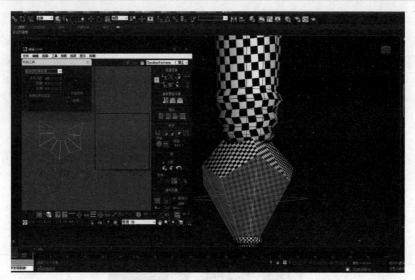

图 7.70　菱形体 UV

步骤5：展完所有模型后，选中任意模型并单击"附加"按钮后方的小窗口。在"附加列表"中全选并单击"附加"，回到"编辑 UVW"工具窗即可看到所有模型 UV。如果模型上棋盘格贴图大小不一，说明 UV 精度不统一。这时需要选中所有 UV，再整体"松弛"一下即可统一 UV 精度，效果如图 7.71 所示。注意，摆 UV 时不能有重叠，剑身 UV 过长可将 UV 断开成上下两部分再摆，剑尖 UV 需要打直，即选中需要打直的 UV 顶点，单击"垂直对齐至轴"图标，效果如图 7.72 所示。

图 7.71　统一 UV 精度

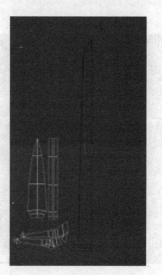

图 7.72　打直 UV

步骤 6： 按图 7.73 所示，选中所有 UV 块，按快捷键 R（"选择并均匀缩放"工具）的同时按住 Ctrl 键拖动框角进行缩放，将所有 UV 摆至 UV 框中。注意，UV 不要有重叠或也不要紧挨，也不能过度挨着方框。完成后，全选 UV 并转至视口，将其转换为可编辑多边形（也称为"塌陷"）。如有重叠的 UV，在"编辑 UVW"工具窗左下角的"绝对模式变换输入"图标的"U："中输入数值"1"，将重复的 UV 放到 UV 框外，如图 7.74 所示。完成后将其转换为可编辑多边形。

图 7.73　摆放 UV

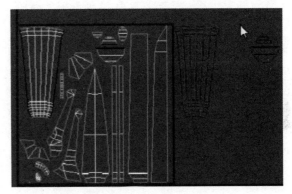
图 7.74　重复 UV

步骤 7： 上述步骤完成后，选中任意模型并单击"附加"按钮后方的小窗口，在"附加列表"中将可选模型全部选中并单击"附加"按钮。在"编辑 UVW"工具窗中全选 UV 框中的 UV 后，在视图中转动模型进行检查。随后依次选择"材质编辑器"→"实用程序"→"重置材质编辑器窗口"选项，赋予所有低模一个基础材质球。在"层资源管理器"列表中隐藏低模并显示高模，再赋予高模一个基础材质球。随后按高、低模分组导出，先导出低模，"保存类型"选项更改为 Autodesk（*.fbx），在"FBX 导出"对话框中的"几何体"下拉列表中勾选"平滑组"选项。高模也按上述格式导出，导出对话框如图 7.75 所示。

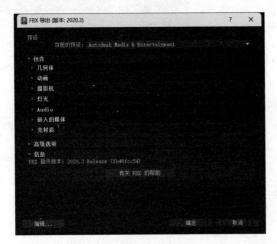
图 7.75　"FBX 导出"对话框

6. 烘焙法线贴图

步骤1： 打开八猴渲染器。按图 7.76 所示，单击 NewBakeProject 图标 以新建一个项目，在新建项目的下方有一个子文件夹 Bake Group。需要将模型分为 3 组，所以单击 "+" 号以再新建两个子文件夹，在子文件夹中单击 图标以创建组。注意，多个组的模型不能置于一个文件夹中。将低模的 3 个模型文件直接拖至 Scene 栏中，再将 3 个模型文件拖进对应文件夹下的 Low 组中即可。高模重复相同操作，再将其拖至对应的 High 组中。在下方工具栏中可以选择烘焙导出的位置，单击 Output 工具栏中第一行后面的 图标，选择导出位置后进行保存。如图 7.77 所示，在 Resolution 选项中选择贴图像素的大小。选择 Maps 工具栏的下拉菜单中的 Configure 选项，会弹出选择烘焙贴图种类的对话框，共十种贴图，分别为 Normal 法线贴图、World space normal 世界法线贴图、Position 位图、Curvature 曲率贴图、Thickness 厚度、Ambient occlusion（AO）环境光遮蔽贴图、ID 贴图、Height 高度贴图、Bent normals 弯曲法线贴图、Opacity 不透明度贴图，其中常用贴图有六种，Normal 法线贴图、World space normal 世界法线贴图、Position 位图、Curvature 曲率贴图、Thickness 厚度贴图、Ambient occlusion（AO）环境光遮蔽贴图，退出后可在下方选项卡中勾选所需贴图。

图 7.76 "新建"工具栏

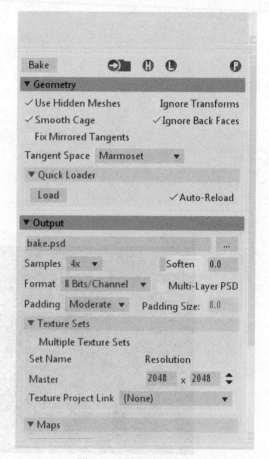

烘焙贴图

图 7.77 设置贴图像素

步骤 2：取消 Normal 以外贴图种类的勾选，单击 Bake 按钮后，单击右侧 图标可以显示烘焙后的效果。如果效果不对，可能是低模制作时低模的封套过小，需要单独更改，即单击组中 Low，视图中就会显示封套，在左下侧工具栏中对封套进行调整。在 Cage 工具栏中滑动调整 MinOffset 数值和 MaxOffset 数值，这两个数值条可对封套大小进行调整，调整时要保证封套能包裹住低模和高模，效果如图 7.78 所示。

⚠ **注意**：修改过程中单击 High 后面的"眼睛"图标即可显示或隐藏模型。

步骤 3：调整完成后单击 Bake Project1 按钮回到项目大组，单击 High 后面的"眼睛"图标隐藏高模。再做烘焙效果，单击 Bake 按钮后再单击 图标即可看到低模烘焙完成。这时花纹可能出现斜面异常的情况，需要单击低模花纹底座组下方工具栏中的 Paint Skew 按钮，随后按住鼠标左键在花纹处涂抹即可，涂抹后会对该处法线方向进行修改。在对话框中拖动滑动条，这个滑动条与笔和橡皮擦类似，黑色为笔，白色为橡皮擦，中间为过渡。调整笔刷后，可在"平面 UV 图"中直接涂抹，擦除不需要的部分，效果如图 7.79 所示。

⚠ **注意**：Size 滑动栏可调整笔刷大小，Flow 滑动栏可调整笔刷的柔边、硬边数值。

图 7.78 封套包裹效果

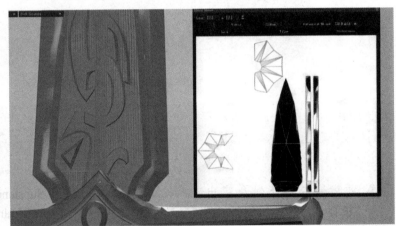

图 7.79 涂抹效果

步骤 4：重复上述步骤，调整剩下的低模。调整完成后回到项目大组，再烘焙并查看效果。确定正确后，在"模型贴图"工具栏中勾选其他 5 个常用种类贴图，再进行烘焙。随后在导出的文件夹中查看已导出的 6 张贴图。

步骤 5：在 3d Max 中打开模型的"编辑 UVW"工具窗，框选框外部的 UV，将其移入第一象限内。再框选模型整体，"塌陷"一下（即转换为可编辑多边形）。选择低模后再导出，将"保存类型"选项更改为 Autodesk（*.fbx），在"FBX 导出"对话框中选择"几何体"下拉菜单的"平滑组"选项。打开 Substance Painter，按快捷键 Ctrl+N 新建项目，如图 7.80 所示，单击"选择"按钮，选中刚导出的低模，设置"文件分辨率"为 1024，设置法线贴图格式为 OpenGL。法线贴图格式中有 DirectX、OpenGL 两个选项，DirectX 是 3d Max 专用的法线方向，OpenGL 是 Maya 专用的法线方向。导入低模后再添加刚刚烘焙的 6 张贴图。

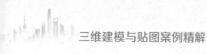

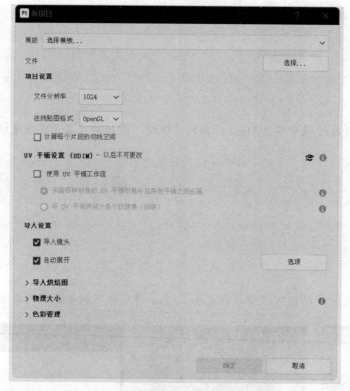

图 7.80　SP "新项目" 对话框

步骤 6：单击 Project 项目栏即可看到烘焙的贴图。如图 7.81 所示，在 Project 项目栏中找到纹理集设置，将对应的贴图拖至 "模型贴图" 工具窗中。转至侧视图，选中低模花纹底座正面和背面的顶点，调整其厚度并导出。

⚠ 注意：不要让剑身穿出花纹底座模型。切换至 Substance Painter，执行 "编辑"→"项目文件配置" 命令，在 "配置设置" 对话框中选择新导出的低模并单击 OK 按钮，替换原 Substance Painter 中的模型。

模型贴图

烘焙模型贴图

选择 normal 贴图

选择 world space normal 贴图

选择 id 贴图

选择 ambient occlusion 贴图

选择 curvature 贴图

选择 position 贴图

选择 thickness 贴图

选择 height 贴图

选择 bent normals 贴图

选择 opacity 贴图

图 7.81　"模型贴图" 工具窗

步骤 7： 在 Substance Painter 中按住 Shift + 鼠标右键转动光照以检查模型，这时发现花纹底座处有个三角痕迹，这是因烘焙时有遮挡导致的，如图 7.82 所示。在八猴渲染器中将除花纹底座外的其他模型文件夹删除，再单独烘焙花纹底座的 AO 贴图。打开 Photoshop（简称 PS），将出错和单独烘焙过的 AO 贴图导入，给单独烘焙的 AO 贴图添加一个图层蒙版，并用白色笔涂抹有问题处。如图 7.83 所示，将绘制好的 AO 图导出 PS，替换出错的贴图即可。切换至 Substance Painter，在原来的 AO 贴图上右击，选择"重新加载"选项，再将 AO 贴图拖至"纹理集设置"中即可。

图 7.82　遮挡效果　　　　　　　　　　　图 7.83　替换 AO 贴图

步骤 8： 导出低模 UV，在 3ds Max 中选中所有低模，打开"编辑 UVW"工具窗，选择上方的"工具"→"渲染 UVW 模板"选项，在弹出的"渲染 UVs"对话框中将宽和高的数值修改为 2048，再单击"渲染 UV 模板"按钮。在弹出的渲染窗口中单击左上角"保存"按钮并选择 PNG 格式。导出完成后，在修改器列表中删除"UVW 展开"效果。将 UV 图导入 PS 软件，按 UV 线框更改花纹底座边的 AO 贴图，再将贴图导出 PS 后导入 Substance Painter 中，重复上述方法替换 AO 贴图。完成后，花纹底座边缘贴图清晰无误，效果如图 7.84 所示。剑身和花纹底座的穿插关系可在 3ds Max 中再次调整，完成后导入 Substance Painter 中即可。

图 7.84　花纹底座边缘贴图

步骤9：对花纹做更改。先选取花纹，如图7.85所示，将Normal贴图导入PS。使用"魔棒"工具抠选出花纹，再如图7.86所示新建一个图层，使用"油漆桶"工具填充黑色。其他部分贴图重复此方式进行制作。

⚠ **注意**：导出格式为PNG格式。

图 7.85　Normal 贴图　　　　　　　　　　　图 7.86　填充黑色

7. 贴图材质绘制

步骤1：在Substance Painter中进行贴图材质绘制。将默认图层删除，新建一个文件夹，另创建一个填充图层，将填充图层置于文件夹中，并将其改成红色，这样框选模型时也会呈现红色。注意，普通层一般用于辅助绘画，填充层专用于制作材质。在图层中选中文件夹后右击，选择"添加黑色的遮罩"选项。填充时需将同种材质模型与其他材质模型以颜色进行区分，单击"几何体填充"图标，将把手颜色填充为白色，金属部分填充为红色，效果如图7.87所示。

长剑贴图材质绘制

图 7.87　按材质填充颜色

　　步骤 2：选中文件夹后右击，选择"添加黑色的遮罩"选项，再单击以添加"填充"效果，右击"填充"后选择"相减"选项，再将做好的花纹和四角形的贴图拖入渲染器，效果如图 7.88 所示，在"导入资源"对话框中单击项目文件右侧的 texture，再单击"导入"按钮。导入后，将图片拖至填充栏中的"灰度"中，按住 Alt + 鼠标左键并单击文件夹的遮罩蒙版，即可看到当前遮罩的范围，白色为显示色，黑色为遮罩。选中"填充图层2"图层，将其整体色相降低，调一个灰度颜色即可。

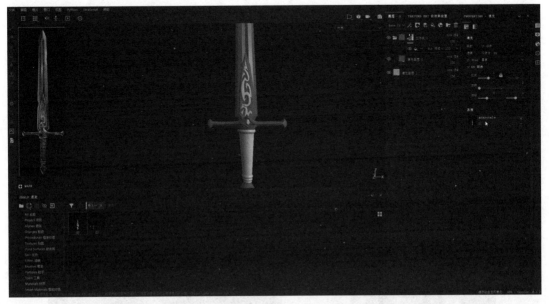

图 7.88　导入花纹和四角形贴图

　　步骤 3：创建一个新文件夹，再创建一个填充图层，将填充图层置于文件夹中。随后按不同材质修改颜色，皮质的部分选择橘色，对文件夹右击并选择"添加黑色的遮罩"选项，单击"几何体填充"图标，再框选模型上制作皮质的区域。重复上述的步骤处理金属区域，同一个物体上的分层可以先全选，随后在"几何体填充"栏中将颜色改黑色后再去减选即可，效果如图 7.89 所示。对材质文件夹进行命名分类。以此类推，将所有模型的部分按照材质进行分类，相同材质的不同物体也可放在一个文件夹中。

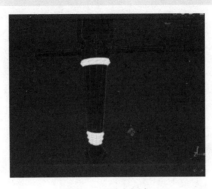

图 7.89　更改颜色

步骤 4： 从金属开始制作材质。单击金属的文件夹，添加一个填充图层，单击"填充设置"按钮，在"填充设置"对话框中取消"厚度"和 Normal 的勾选，将下方的 Metallic 滑动栏拖动至最右端，随后在下方的 Roughness 工具栏中适当调整粗糙度，粗糙效果如图 7.90 所示。再添加一个填充层，右击并选择"添加黑色的遮罩"选项，在"遮罩"效果中右击以再添加一个填充层，在右侧"灰度"栏中置入一张纹理的图片，按住 Alt + 鼠标左键后单击文件夹的遮罩蒙版，单击"填充"按钮以调整参数，调整后单击图层后面的 ORM 将图层模式改为"叠加"模式。随后再回到填充层中进行调整，这次要调整颜色和粗糙度，调整后再叠加一个"纹理贴图层"，效果如图 7.91 所示。

图 7.90　调整粗糙度

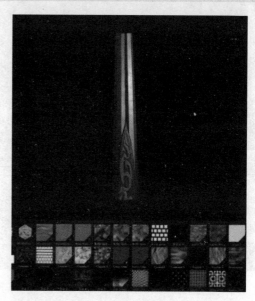

图 7.91　"纹理贴图层"效果

步骤 5： 在金属组中再添加一个填充层，右击以添加黑色遮罩，添加"遮罩"效果后再右击以添加"生成器"工具。需要做一个物体磨损边，选择一个生成器并单击去调整按住 Alt + 鼠标左键再单击文件夹的遮罩蒙版进行查看），随后将生成器的图层模式改为柔光，回到图层本身，再将没用的属性都取消，留下颜色和粗糙度，随后再给图层添加稍微偏黄的色相。

步骤 6： 复制一个"生成器"图层，将图层模式从"柔光"模式改为"叠加"模式。单击"填充"按钮，将"生成器"图层删除后再添加一个"高光"模式的"生成器"图层，按住 Alt + 鼠标左键后，单击文件夹的遮罩蒙版进行查看，查看后在"生成器"图层中进行调整。完成后再调整贴图颜色，高光颜色偏白，按图 7.92 所示清除金属高光的色相，只留黑白色。完成高光制作后，制作暗面，同样以填充图层在蒙版上添加"生成器"图层，选 Dirt 调整，调整后将图层模式切换为"正片叠底"模式。最后单击"图层属性"，关闭不需要的属性，留下颜色和粗糙度后再进行调整。

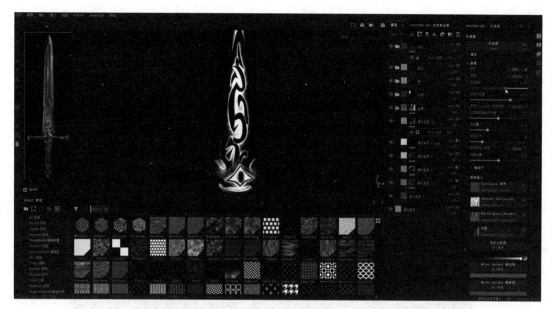

图 7.92 黑白色相

步骤 7： 制作一个渐变色，同样以填充图层在蒙版上添加"生成器"图层。将图层模式改为柔光，将图层透明度数值稍微降低，开启颜色属性，将色相选项更改为暖光。再复制一层"生成器"图层，将图层模式改为正片叠底，在生成器参数中勾选"全局翻转"选项，随后将颜色稍加一些冷色，将图层透明度数值再次降低。在组中填充图层的蒙版上添加"生成器"图层，单击"扳手"图标，将"参数"中划痕数值修改为 1，再去调整其他部分，将图层模式改为叠加，在图层属性中保留厚度、粗糙度、颜色再去调整，将图层透明度数值图调整至 50 左右。如图 7.93 所示，用笔刷擦掉部分划痕，完成金属部分的制作。

图 7.93 金属贴图效果

步骤 8： 剑刃的制作方式与花纹和剑格上四角形框的相同，用上述方法将纹理颜色叠加即可。随后在"渲染设置"对话框中将取消勾选默认背景，再将背景调暗，效果如图 7.94 所示。

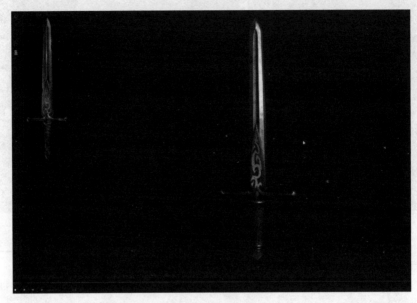

图 7.94　长剑模型成品

步骤 9： 在添加了两层材质质感，做出磨损、高光、暗部、顶底的光影，添加划痕效果后，基本的贴图效果就完成了。有问题处可以再用笔刷修改，做完后导出贴图和渲染图。

任务 7.2　游戏道具制作——战斧

【任务描述】

本任务是在读者对 3ds Max 和 Substance Painter 软件有一定了解与制作经验的基础上，通过学习游戏道具——战斧的建模制作，帮助读者在实际操作中更加熟练地掌握道具的建模方法和制作流程。

【任务实施】

战斧中模制作

1. 制作中模

步骤 1： 依次单击"自定义"→"单位设置"选项→"单位设置"对话框，将"公制"一栏的单位改为"厘米"，并将上方"系统单位设置"中的"系统单位比例"也改为"厘米"。

步骤 2：右击"捕捉开关"图标，在"栅格和捕捉设置"中取消"栅格点"的勾选，并勾选"顶点"选项，再切换至"选项"选项卡中勾选"启用轴约束"选项。按快捷键 F 转至前视图，创建一个平面后将"参数"选项卡中的"长度""宽度"的"分段"数值清除，随后将原画拖入建模平面中，设置好比例并将其转换为可编辑多边形，效果如图 7.95 所示。

步骤 3：右击平面后选择"对象属性"选项，将"以灰色显示冻结对象"选项取消勾选，单击"确定"按钮后右击平面，选择"冻结当前选择"选项。

步骤 4：新建一个平面，在右侧"参数"窗口中将"长度""宽度"的"分段"数值归零，将其转换为可编辑多边形。按快捷键 M 打开"材质编辑器"对话框，赋予平面一个材质，再按快捷键 Alt+X 将平面透明化，效果如图 7.96 所示。

图 7.95　创建平面　　　　　　　　图 7.96　平面"透明化"的效果

步骤 5：制作斧刃部分。模型左右对称时创建一半即可。注意，制作时需要对弧度较大的面进行加线。做出基本形状后使用"连接""切割"等工具优化布线。再切换至"顶点"模式，调整顶点，使斧刃结构与原画基本对应，效果如图 7.97 所示。

步骤 6：做出模型厚度。在拉出厚度之前需要检查一下轴向，检查完后在"多边形"模式下选中斧刃的面，使用"插入"按钮，按原画拉至斧刃的大概厚度后右击以取消"插入"命令。再使用"切割"工具优化布线，删除多余线段并调整布线，使整体模型更加均匀。同时，增减线段，调整边缘结构，使其结构更准确，效果如图 7.98 所示。

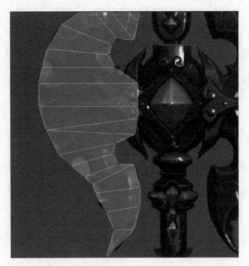

图 7.97　制作斧刃平面模型

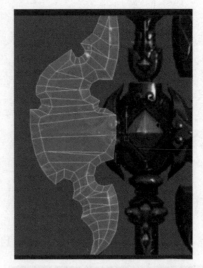

图 7.98　插入与调整结构的效果

步骤7: 处理顶端尖角、中心和侧边尖角部分的操作与上述操作相同。创建平面模型后检查轴向，随后在"多边形"模式下选中要做出体积的面，单击"插入"按钮，调整插入宽度后将选中的面拉出一个轻微的厚度，效果如图 7.99 所示。按快捷键 L 转至侧视图，根据原画进行调整。随后选择"修改器列表"选项卡下方的"对称"选项，即可看到有体积感的模型。为复制完成的模型添加一个"对称"效果，使其背面与正面对称，添加完后根据效果再次调整模型厚度。

步骤8: 顶端宝石框部分没有结构线，切换至"边"模式后，按原画结构使用"切割"工具做出结构线，并按图 7.100 所示在"顶点"模式下拖动点调整结构。

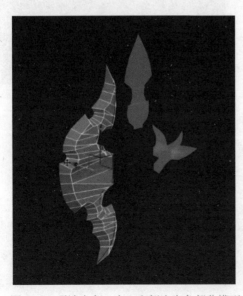

图 7.99　顶端尖角、中心和侧边尖角部分模型

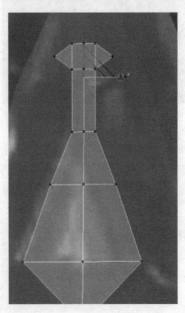

图 7.100　调整顶点

步骤 9：在"边"模式下按住 Ctrl 键的同时单击线以进行加选，再依次单击"可编辑多边形"→"边"模式中的"利用所选内容创建图形"来按线条形状创建图形，在弹出的"创建图形"对话框中勾选"线性"选项。创建后退出"可编辑多边形"模式，选择刚创建的线，勾选"渲染"中的"在视口中启用"选项，将"边"的数值改为 4，调整完后将其转换为可编辑多边形，效果如图 7.101 所示。选择刚刚编辑的模型，单击"切片平面"按钮，按快捷键 S 使用"捕捉开关"工具，再单击"切片平面"按钮，将视图中的黄色切片框旋转吸附至侧边中线位置，单击"切片"按钮进行切片，随后选中并删除其切片后的背面。按图 7.102 所示，将边框顶端的点焊接。将背面的边全部选中后，按住 Shift + 鼠标左键向后拖动出一定宽度，效果如图 7.103 所示。

图 7.101　调整"边"数值

图 7.102　"焊接"效果

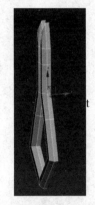
图 7.103　拉出宽度

步骤 10：顶端宝石是一个凸起结构，选中其中心并单击"切割"按钮，按原画切割出菱形形状并调整点的结构，在"多边形"模式下将中心的面向外拉出体积并调整细节，效果如图 7.104 所示。

步骤 11：制作中心宝石的建模。在"多边形"模式下运用"切割""连接""选择并均匀缩放"等工具进行制作，成品如图 7.105 所示。

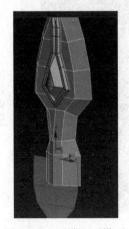
图 7.104　顶端宝石模型

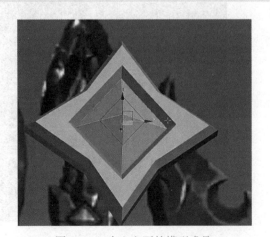
图 7.105　中心宝石的模型成品

步骤 12：制作完成后，将战斧各部位拼合。切换至"顶点"模式，选中中心宝石的模型，按快捷键 W（"选择并移动"工具）沿 Y 轴拖动至合适位置，效果如图 7.106 所示。再复制制作完成的斧刃，添加"对称"效果，使其前后、左右对称。其余模型组件也沿着轴拖动至合适位置，按照原画对模型体积、厚度、局部细节进行调整，使模型前后、左右对称并拼合无穿模，成品如图 7.107 所示。

图 7.106　调整、拼合模型

图 7.107　战斧中模成品

2. 制作高模

步骤 1：如图 7.108 所示，制作前先按住 Shift + 鼠标左键拖动模型，将战斧中模复制一层，在"克隆选项"对话框中勾选"复制"选项。转到复制的模型，开始制作高模。

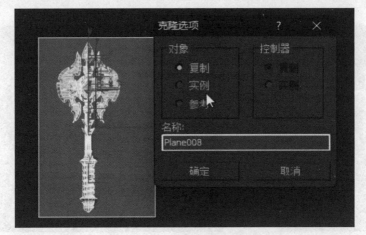

战斧高模制作

图 7.108　复制中模

步骤 2：选中顶端尖角模型，按快捷键 Alt+Q 使其"独立显示"并删除其背面。选中图 7.109 所示的面并分光滑组，效果如图 7.110 所示。

⚠ **注意：分光滑组前先单击"清除全部"按钮，再分数字组。**

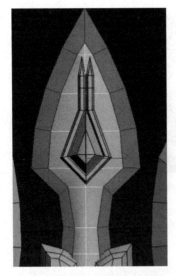

图 7.109　选中顶端尖角模型

图 7.110　"分光滑组"效果

　　步骤 3：切换至"多边形"模式，如图 7.111 所示，选中顶端的宝石框模型，选择光滑组中任意数值为它分光滑组，再添加"涡轮平滑"效果。添加"涡轮平滑"效果后如内角不够锐利，这时需要为转角附近添加线以卡住结构。再切换"多边形"模式，框选住两侧侧角，单击"快速切片"按钮，沿着两侧钝角进行切线。完成后，转至"涡轮平滑"效果检查整体模型，效果如图 7.112 所示。

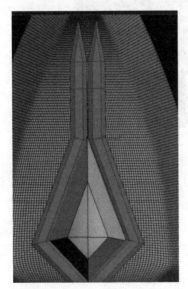

图 7.111　选中顶端宝石框

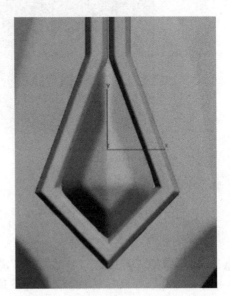

图 7.112　"涡轮平滑"效果

步骤4： 如图7.113所示，转至顶视图中查看战斧的顶点，按R键（"选择并均匀缩放"工具）进行缩放，调整厚度和其他细节。

⚠️ **注意**：从不同角度多观察模型结构，有问题及时修改。

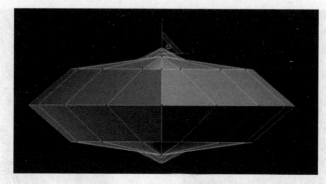

图7.113　调整厚度等细节

步骤5： 顶端下方装饰、战斧中心、左右斧刃均按上述方法分光滑组。注意，和中线相接的面都要细分光滑组。将结构较大处细分光滑组，再给模型添加"对称"效果，并"塌陷"。关闭线框后检查模型的光滑组，效果如图7.114所示。

图7.114　"细分光滑组"效果

步骤6： 检查边界有无断开、错误。随后添加"涡轮平滑"效果，按F4键显示线框并在"主体迭代次数"中添加布线。布线后再次添加"涡轮平滑"效果，隐藏线框后检查整体模型。

⚠️ **注意**：调整前需要将"对称"和"涡轮平滑"效果删除，调整完再添加"对称"效果，并将"对称"修改器转换为可编辑多边形，再为模型细分光滑组，重新添加"涡轮平滑"效果即可，效果如图7.115所示。

3. 制作低模

步骤 1： 选择制作好的中模，单击"层资源管理器"图标 ▣ ，将其复制一个。选中复制的中模，单击"场景资源管理器"→"层资源管理器"后再单击"+"号以新建一个低模层。单击中模层前面的眼睛图标 ◐ 将其隐藏。

战斧低模制作

步骤 2： 删除复制模型的"涡轮平滑"效果和花纹模型，使模型处于原始的"可编辑多边形"模式下。开始对结构做修改，在"多边形"模式下将斧刃背面和右半边删除。在"顶点"模式下选中顶点，转从侧视图吸附至正面的中线，随后用"移除""塌陷""合并"等工具简化当前模型的布线。其他部分重复上述操作，按高模的造型来简化布线。中间部分造型较复杂的模型，尽量在保留原造型的情况下合理减面，效果如图 7.116 所示。

图 7.115　战斧高模成品

图 7.116　低模成品

步骤 3： 完成低模制作后，复制一遍高模将其冻结。在"场景资源管理器"对话框中隐藏低模后再去复制高模，目的是对比高模和低模间的位置、造型有无问题。选择中模并赋予中模一个亮色材质，效果如图 7.117 所示。在"场景资源管理器"对话框中单击低模层前方眼睛图标，取消隐藏低模。右击模型并选择"对象属性"选项，将"以灰色显示冻结对象"取消勾选。随后用低模包裹中模。

步骤 4： 低模包裹中模时，低模的每个顶点都需要与中模匹配。如果转角处线条过多，需要将线删除并整理。

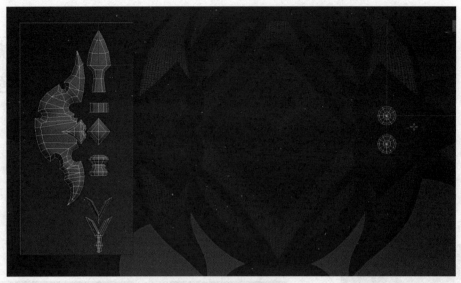

图 7.117　赋予中模颜色

⚠ 注意：模型每个部分都需要包裹 50% 左右，效果如图 7.118 所示。

图 7.118　50% 的包裹效果

步骤 5：处理把手。如图 7.119 所示，在"边"模式下，选中圆柱体横向凸起的线进行缩放。右击"选择并均匀缩放"工具，在弹出的"缩放变换输入"对话框中将中模的造型调整至大小适中。

步骤 6：在制作过程中如果发现中模有问题，可先隐藏低模，对中模进行优化调整，调整完成后整体查看一下，按图 7.120 所示对低模中不合理处再次调整。

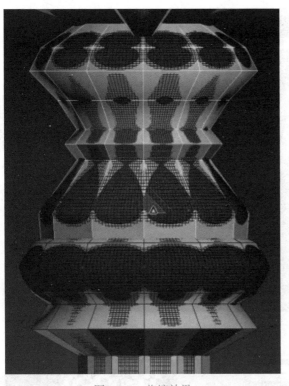

图 7.119 收缩效果

图 7.120 调整卡线结构

4. 分展 UV

步骤 1: 这里重复长剑中将低模的 UV 分展、摆放 UV、烘焙的过程。首先选中其中的一个低模模型,在"修改器列表"中单击"UVW 展开",再按快捷键 Ctrl+E 打开"编辑 UVW"工具窗,先单击"显示对话框中的活动贴图"图标将其关闭,随后勾选上方"选项"中的"始终显示编辑窗口"选项,再选择上方的"将当前设置保存为默认值"选项。

步骤 2: 设置后,选中所有低模并按 M 键打开"材质编辑器",单击"漫反射"选项颜色块后的正方形,找到棋盘格贴图并单击"确定"按钮,棋盘格如图 7.121 所示。选中所有低模后,单击"材质编辑器"→"实用程序"→"重置变换",再将其转换为可编辑多边形。

步骤 3: 切换至"多边形"模式,框选 UV 并单击"投影"对话框中的"平面贴图"图标,再单击"拍平"按钮,随后取消"拍平"。在"编辑 UVW"工具窗中右击,然后选择"松弛"选项,开始"松弛",松弛后得到如图 7.122 所示的圆柱体 UV。每个模型展完 UV 后,将 UV 拖至其他区域先搁置,并右击模型进行"塌陷"(即"转换为可编辑多边形")。

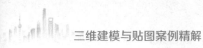
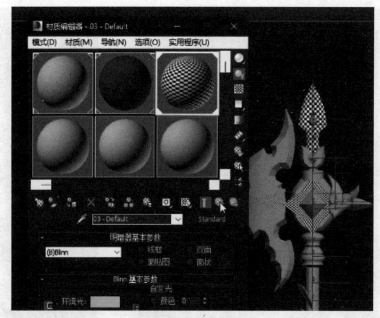

战斧 UV 制作

图 7.121　棋盘格贴图

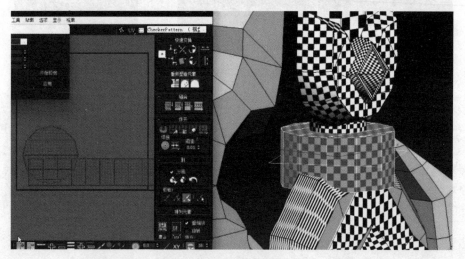

图 7.122　圆柱体 UV

　　步骤 4： 如图 7.123 所示，使用"松弛"工具将中心部位 UV 松弛，同时需要将中心侧边 UV 打直，即选中需要打直的 UV 顶点，单击"垂直对齐至轴"图标■。

　　步骤 5： 将宝石侧面的边框 UV 沿边缘断开，断开后再使用"松弛"工具，这种断开后再分展的 UV 需将斜的 UV 旋转正。要注意的是，旋转 UV 过程中可以边旋转边观察模型上的棋盘格贴图，将其旋转至合适角度，效果如图 7.124 所示。随后将 UV 拖至一边并"塌陷"。

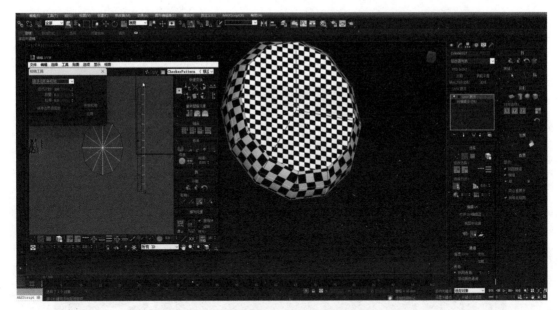

图 7.123　中心部位 UV

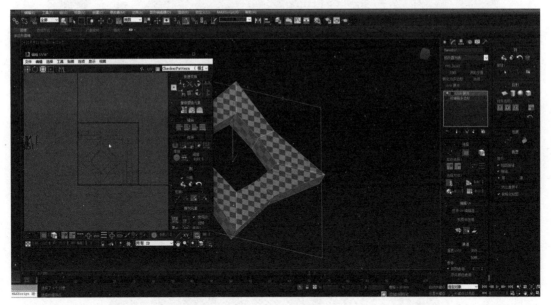

图 7.124　断开并分展 UV 效果

步骤 6：从图 7.125 中可以看出，斧刃处面积较大，需要"松弛"后再将斜的 UV 旋转至合适角度。

⚠️ **注意：**上述分展、断开过程中模型可能会出现缝隙，这时可以选中模型缝隙的相关顶点，利用"焊接"命令检查有无断开的情况。

步骤 7：展完所有模型后，选中任意模型并单击"附加"按钮后方的小窗口 ，在

"附加列表"中全选并单击"附加"，回到"编辑 UVW"工具窗即可看到所有模型 UV。如果模型上棋盘格贴图大小不一，说明 UV 精度不统一，这时需要选中所有 UV 再选择"由多边形角松弛"选项，即可统一 UV 精度，效果如图 7.126 所示。

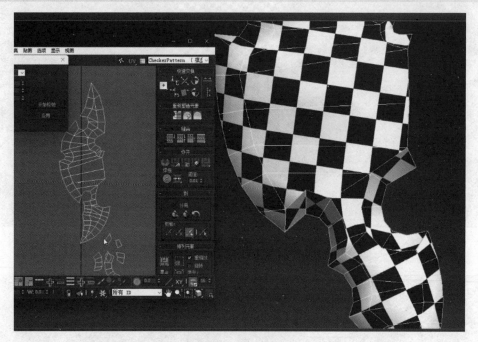

图 7.125　斧刃 UV

图 7.126　统一 UV 精度

步骤 8： 如图 7.127 所示，根据 UV 框大小按 R 键（"选择并均匀缩放"工具）的同时按住 Ctrl 键拖动框角进行缩放，将 UV 摆至 UV 框中。

⚠ **注意：** UV 不要有重叠或紧挨处，也不能过度挨着方框。完成后，全选 UV 来到视口将其"塌陷"。

图 7.127　摆放 UV

步骤 9： 上述步骤完成后，在"编辑 UVW"工具窗中全选 UV 框中的 UV，并在视图中转动模型进行检查。随后依次选择"材质编辑器"→"实用程序"→"重置材质编辑器窗口"选项，赋予所有低模一个基础材质球。在"层资源管理器"列表中隐藏低模并显示高模，再赋予高模一个基础材质球。随后按高、低模分组导出，先导出低模，"保存类型"选项更改为 Autodesk（*.fbx），在"FBX 导出"对话框中选择"几何体"下拉列表中的"平滑组"选项。高模也按上述格式导出。

5. 烘焙贴图

步骤 1： 如图 7.128 所示，打开八猴渲染器并设置相关数值。单击 NewBakeProject 图标以新建一个项目，在新建项目的下方有一个子文件夹 Bake Group。需要将模型分为 5 组，所以单击"+"号再新建两个子文件夹，在子文件夹中单击▣图标以创建组。将低模模型文件直接拖至 Scene 栏中，再将 5 个模型文件拖进对应文件夹下的 Low 组中即可。高模重复相同操作，再拖至对应的 High 组中。在下方工具栏中选择烘焙导出的位置，单击 Output 工具栏中第一行后面的▬图标，选择导出位置后保存。在 Resolution 工具栏中选择贴图像素的大小。

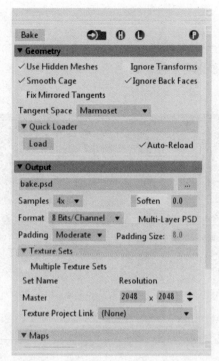

烘焙贴图

图 7.128　调整数值

步骤 2：按图 7.129 所示，取消 Normals 以外贴图种类的勾选，单击 Bake 按钮后，再单击右侧的 ⓟ 图标可以显示烘焙后的效果。对封套显示不正确的地方需单独更改，单击组中 Low 显示封套，在左下侧工具栏中对封套进行调整。在 Cage 工具栏中滑动以调整 MinOffset 数值和 MaxOffset 数值。

⚠ **注意**：调整时要保证封套能同时包裹住低模和高模，效果如图 7.130 所示。

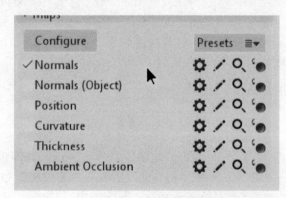

图 7.129　取消贴图勾选

图 7.130　封套

步骤 3：调整完成后单击 Bake Project 1 按钮，回到项目大组，单击 High 后面的"眼睛"图标，隐藏高模。再做烘焙效果，单击 Bake 按钮后再单击 ⓟ 图标即可看到低模烘焙完成，如图 7.131 所示。

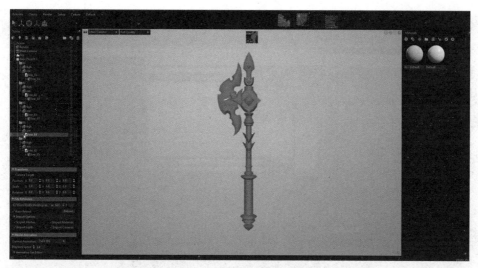

图 7.131 低模烘焙效果

步骤 4：重复上述步骤去调整剩下的低模。调整完成后回到项目大组烘焙后查看效果，确定正确后可以在 MESH MAPS 工具栏中勾选其他六个常用贴图再进行烘焙，随后在导出的文件夹中查看已导出的贴图，如图 7.132 所示。单击 Project 项目栏即可看到烘焙的贴图，在 Project 项目栏中找到纹理集设置，将对应的贴图拖至 MESH MAPS 中。

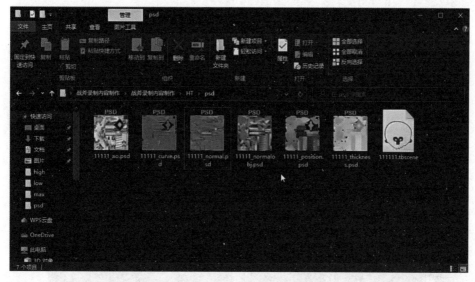

图 7.132 导出贴图

步骤 5：转到 3d Max 导出低模 UV，打开"编辑 UVW"工具窗，单击上方的"工具"后，再单击选择"渲染 UVW 模板"选项，在弹出的"渲染 UVs"对话框中将"宽""高"数值修改为 2048，再单击"渲染 UV 模板"按钮，在弹出的"渲染窗口"对话框中单击左上角的"保存"按钮，将其保存为 PNG 格式，如图 7.133 所示。导出完成后在修改器列表中删除"UVW 展开"效果。

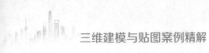

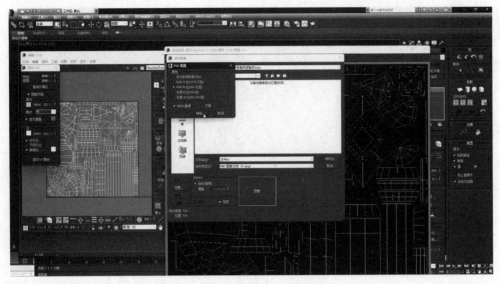

图 7.133 "渲染窗口"对话框

步骤6： 在 Substance Painter 中按住 Shift＋鼠标右键转动光照检查模型，将 AO 贴图拖至"纹理集设置"中即可。此时按 F1 键工作区分为左右两区，左边为立体视图区，右边为 UV 视图区，立体视图区和 UV 视图区都受光线照射变化，按住 Shift＋鼠标右键水平旋转即可改变环境照射角度，效果见图 7.134 所示。

图 7.134 转动光照效果

步骤7： 如图 7.135 所示，在下方材质面板中选择相应材质，将材质拖到对应图层栏中，即可在"属性面板"中调整参数，如颜色、表面噪点等数值。

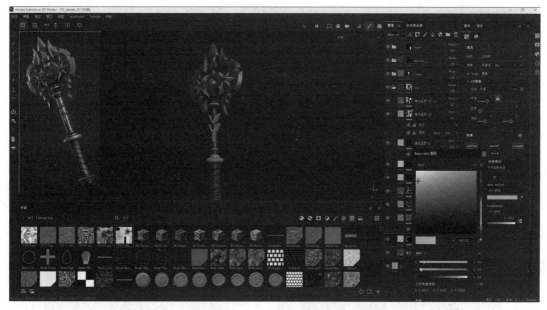

图 7.135　调整参数

步骤 8：创建新图层，在图层中单击"文件夹"并右击选择"添加黑色遮罩"确定粗糙度，图层如图 7.136 所示。再添加一个填充图层，单击"填充设置"按钮，在"填充设置"对话框中取消勾选"厚度"和 Normal，将下方的 Metallic 滑动栏拖至最右端，随后在下方 Roughness 工具栏中适当调整粗糙度。

图 7.136　添加"黑色遮罩"层

步骤 9：创建一个填充层，单击"生成器"按钮并调整数值，并在笔刷面板中选择一个笔刷绘制模型纹理效果。随后重复上述步骤，添加多个图层制作材质质感，并添加磨损、高光、暗部、顶底的光影，添加划痕等效果（见图 7.137）。

步骤10: 制作完成后导出,转到3d Max中将制作好的贴图导入并查看效果(见图7.138)。

图 7.137　添加纹理效果

图 7.138　3d Max 贴图模型

项目 8

游戏场景与角色制作

项目导读

本项目将使用 3ds Max 的各种建模功能，帮助读者在实际建模中快速掌握 3ds Max 和 Substance Painter 的建模操作流程，为读者建立牢固的建模与贴图实践基础。

在项目 7 的基础上，本项目将通过游戏场景、游戏角色两个例子带领读者巩固练习 3ds Max 和 Substance Painter 界面的各个建模与贴图功能，这样读者能够快速有效地利用 3ds Max 的功能进行建模操作练习与贴图的烘焙与制作，并逐步将所学知识应用于实际建模中进行操作。

通过完成本项目，读者能够熟练掌握 3ds Max 和 Substance Painter 的建模技能，能够自如地使用软件的各项相关建模功能。本项目也将为读者提供全面而实用的贴图制作相关的指导，帮助读者更加熟练地使用 3ds Max 和 Substance Painter。

学习目标

- 掌握战鼓的建模操作方法及材质细节。
- 掌握古风人物角色建模操作方法及材质细节。

职业素养目标

- 培养读者具备良好的美术基础，包括色彩、构图、透视等方面的知识和技巧，能够创造出符合游戏风格和要求的场景与角色。
- 熟练掌握三维软件的技术操作和工具使用，能够灵活运用各种建模、纹理、渲染等技术，将设计理念转化为可实现的游戏场景与角色。

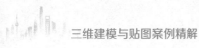

职业能力要求

- 能够为场景和角色添加逼真的纹理和材质，包括表面细节、光照效果等，以增强游戏的视觉效果。
- 能够根据设计稿或概念图进行模型的建立和雕刻，包括环境场景和角色的建模。

项目重难点

项目内容	工 作 任 务	建议学时	技 能 点	重 难 点	重要程度
项目 8　游戏场景与角色制作	任务 8.1　游戏场景制作——战鼓	20	学习游戏场景制作流程	掌握战鼓的建模流程和操作方法	★★★★★
	任务 8.2　游戏角色制作——CG 女孩	32	学习游戏角色制作流程	掌握角色建模流程和操作方法	★★★★★

任务 8.1　游戏场景制作——战鼓

【任务描述】

本任务将在读者对 3ds Max 和 Substance Painter 有一定了解与制作经验的基础上，通过学习游戏场景——战鼓的建模制作，帮助读者在实际操作中学习和掌握场景的建模方法和制作流程。

【任务实施】

战鼓中模制作

1. 制作中模

步骤 1： 将 3ds Max "自定义"工具栏中的"单位设置"对话框中的"公制"栏和"系统单位设置"中的单位都改为"厘米"。单击"角度捕捉"图标，将其打开。取消勾选"用边面显示选定对象"选项，在"显示性能"选项中调整像素数值。按 F 键转至前视图，创建一个平面，将右侧"参数"选项卡中的"长度""宽度"的"分段"数值全部清除。清除后，将原画拖入平面中，设置好比例并将其转换为可编辑多边形。右击模型后并选择"对象属性"选项，在"对象属性"对话框中取消勾选"以灰色显示冻结对象"选项，单击"确定"按钮后右击平面并选择"冻结当前选择"选项。

步骤 2： 切换到正视图，以原画部件高低、形状为区分，分别创建几个基本体，以备用，效果如图 8.1 所示。注意，左右对称的模型仅需创建半边。调整模型轴向后打开材质编辑器，赋予平面一个统一材质。使用"捕捉"工具将模型中心吸附到对应位置上，随后根据原画在现实中的真实尺寸调整模型各个部件的比例大小，创建形状，如图 8.2 所示。

图 8.1 新建基本体

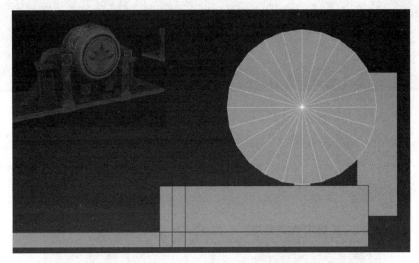

图 8.2 调整比例

步骤 3：如图 8.3 所示，将备用的圆柱体复制过来，删除两个面后，将两个边界往内移动，复制并进行"塌陷"后，形成圆柱的中心点。框选鼓上的横线，单击"连接"按钮以添加一条连接线，按 R 键（"选择并均匀缩放"工具）调整其缩放数值，效果如图 8.4 所示。

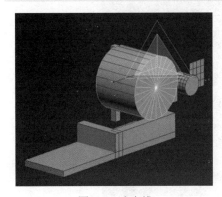

图 8.3 选中线

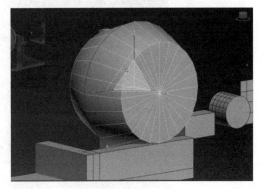

图 8.4 调整效果

步骤 4：如图 8.5 所示，利用刚才的圆柱体模型，保留左上的四分之一大小用于创建侧边弧形扶手。切换至"边"模式，按住 Shift + 鼠标左键拖动延长右侧及下方边，使其插入底座和鼓身，同时调整位置和厚度。注意，可以将模型延伸过中线，方便后期做对称效果。

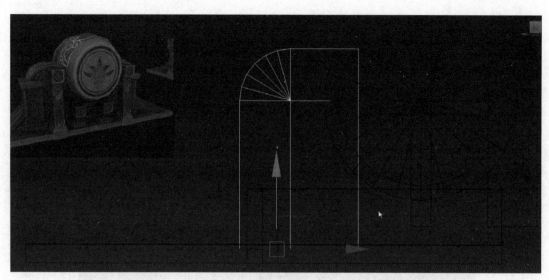

图 8.5　做出扶手模型

　　步骤 5：利用长方体制作旁边的方形石柱。这个环节使用到的工具基本上是可编辑多边形里的，例如"插入"、边界的移动复制（选中边界的同时按 Shift 键）、"分离"等，把方形石柱分成上、中、下 3 个部分完成，如图 8.6 所示。

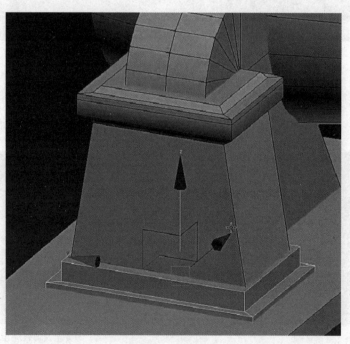

图 8.6　方形石柱

　　步骤 6：底座部分也是由一个长方体，通过"连接"工具添加线段后将中间部分的面和两边的面，制作成高低错落的地板砖效果，如图 8.7 所示。

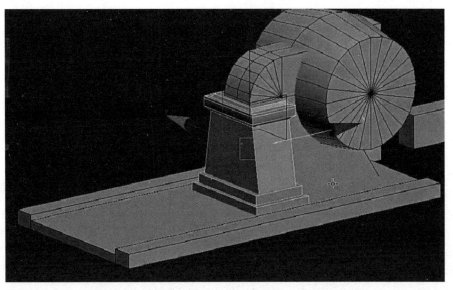

图 8.7　制作地板砖效果

步骤 7： 方形石柱旁边的斜坡柱子的做法，和方形柱子的做法类似。可以从方形柱旁边的面提取一块面，旋转到一定角度后，在"边"模式下选择边，将其移动复制，添加连接线，调整成如图 8.8 所示的样子。

图 8.8　斜坡柱子效果

步骤 8： 这些模型创建完成后，再对整体的前后左右关系进行调整，一定要随时注意原画的比例，物体之间的粗细、大小要随时关注。并且确保所有物体的中心点始终保持在世界坐标中心位置，如图 8.9 所示。

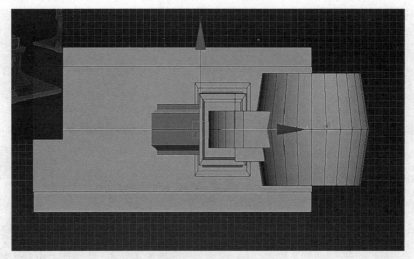

图 8.9　物体中心对齐世界坐标中心

步骤 9：圆柱两边分别有高矮的木头柱子，其做法大致与前面使用到的相差不大。这部分要注意的问题是，原画里的这个木头柱子是斜着的物体，编辑斜着的长方体不如编辑正常的长方体方便，所以这时可以利用一个长方体"实例"复制出来其他长方体，调整好斜放的角度后，再在本体正常的长方体上进行编辑造型。由于"实例"复制的物体和本体物体之间存在关联关系，所以在"可编辑多边形"模式下对本体模型进行编辑时，"实例"模型可以同步进行变化，如图 8.10 所示。

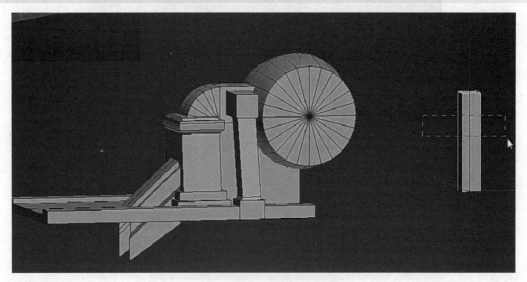

图 8.10　"实例"复制后进行编辑

步骤 10：对长方体的角度和长短进行调整。在左视图调整角度时，需要将坐标轴调整到长方体的右下角。可以使用捕捉工具，以吸附顶点的方式，将旋转的坐标轴中心点调整到长方体的右下角，如图 8.11 所示。在"多边形"模式下调整长短，选中长方体的面，利用"快速切片"工具去掉上下多余的部分，如图 8.12 所示。

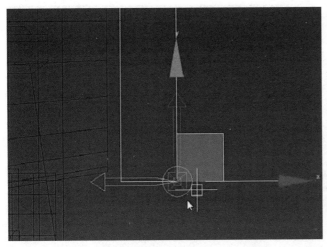

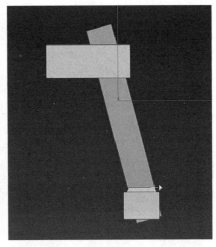

图 8.11　调整坐标轴　　　　　　　　　　图 8.12　"快速切片"工具的使用

步骤 11：做完矮的木头柱子后，根据原画调整整体的前后左右和比例关系，随时关注物体是否在世界坐标中心，如图 8.13 所示。

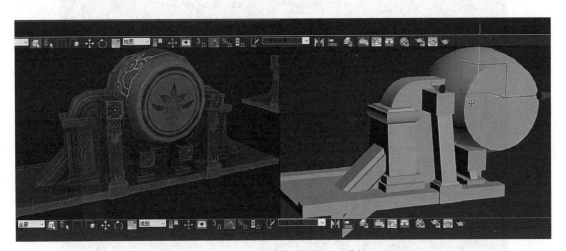

图 8.13　随时按原画调整比例

步骤 12：调整每个部分的细节部分。先调整扶手部分的细节，通过插入、加减线条、选择相应的面往内挤进去等方式制作出旁边扶手的立体凹凸效果，如图 8.14 和图 8.15 所示。此环节需要注意的是，应用"插入"命令时，当插入的面大小和宽度不等时，可以对此模型执行"实用程序"→"重置变换"→"重置选定内容"→"塌陷"（即右击将其转换为可编辑多边形）命令。

步骤 13：根据左右关系，将扶手的多余部分删除，最后留下必要的部分即可。在此环节灵活使用"快速切片""连接""捕捉"等工具，高效率地快速完成删除多余面的工作，如图 8.16 所示。

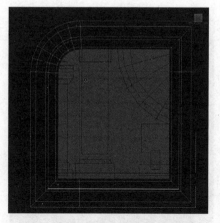

图 8.14 应用"插入"添加面

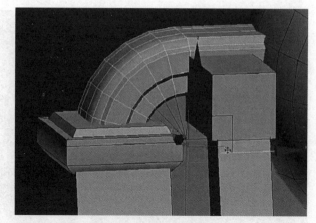

图 8.15 做出立体效果

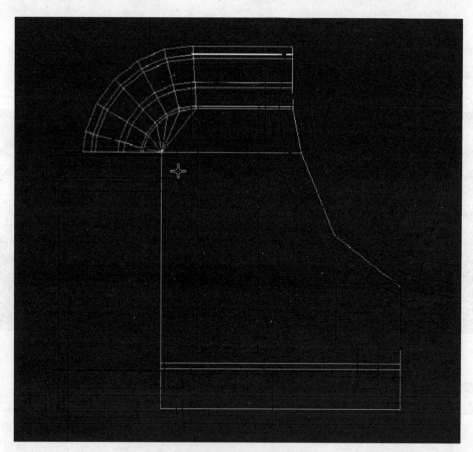

图 8.16 删除多余的面

步骤 14：选择圆柱体的中心线，使用"利用所选内容创建图形"命令生成一条线，在"渲染"选项里设置相关参数，再将其"转换为可编辑多边形"后使其调整成如图 8.17 所示的样子，做出战鼓的底座部分。然后把圆柱体的一半删除，从半个圆柱体的三分之一处选择一根线条，调整渲染参数，生成一条金属线，如图 8.18 所示。

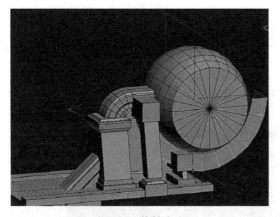

图 8.17 战鼓底座

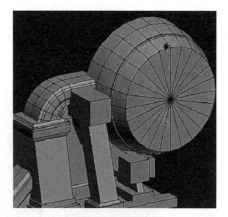

图 8.18 金属线效果

步骤 15：利用"连接""切角""选择并均匀缩放"等命令制作出方形柱子上部分的细节，并且对其进行光滑组的分组，如图 8.19 所示。选中如图 8.19 所示的面部并清除原有的光滑组后，将光滑组角度调整为 20°，再单击"自动平滑"按钮即可。

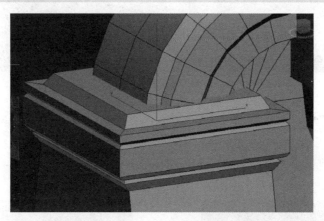

图 8.19 分光滑组

步骤 16：用相同的办法制作出方形柱子中部的细节，如图 8.20 所示。

图 8.20 柱子中部的细节

步骤17: 用左右前后"对称"命令制作出另一边的效果，如图 8.21 所示。

⚠️ **注意**: "对称"命令使用的前提是所有物体的坐标轴需要对齐世界坐标中心，这样才可以正确做出对称效果。

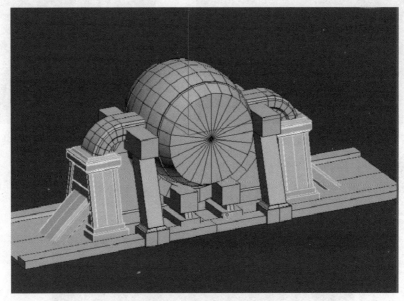

图 8.21 "对称"出另一边

步骤18: 制作木头柱子上面部分的细节。将原模型划分成小格子后选取需要的面，按住 Shift 键拖动，选择"克隆到对象"选项，如图 8.22 所示。对其进行加厚、顶点焊接、整理布线等一系列操作后形成如图 8.23 所示的效果。

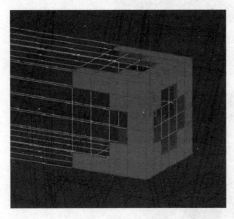

图 8.22 克隆到对象

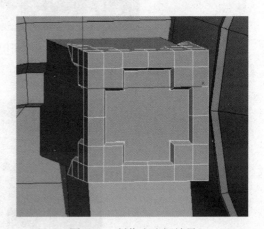

图 8.23 制作出边框效果

步骤19: 制作上面的雕花部分。将圆柱体修改后制作出斜面效果，形成中间的圆形，如图 8.24 所示。可以在圆形基础上修改成椭圆形状，然后以中心点为轴向，旋转复制出一圈椭圆，如图 8.25 所示。

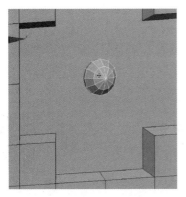

图 8.24 中间的圆形

图 8.25 旋转复制椭圆

步骤 20：通过"对称"复制出剩下的雕花，最终效果如图 8.26 所示。

图 8.26 雕花效果

步骤 21：制作战鼓的部分花纹。创建一小块"平面"，将小块的轴向居中并使其透明化。创建花纹的思路与创建长剑花纹的思路基本一致，即对小方块不断挤出、添加、拉伸出结构，将花纹的平面造型制作出来。所以需要在创建的过程中灵活运用"挤出""拉伸""塌陷""选择并旋转""选择并均匀缩放""插入"等工具，制作完成后与原画进行对比、调整，效果如图 8.27 所示。

图 8.27 花纹效果

201

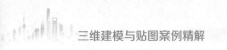
2. 制作高模

步骤1： 卡线环节。首先将地板分离成若干个对象，再分别对它们的面进行"自动平滑"，并且用"连接"命令添加两条线，如图8.28所示。这样，添加"涡轮平滑"后仍然能够保留住地板砖的硬边效果。

⚠ **注意：** 第一次添加涡轮平滑时参数需勾选"平滑组"，迭代次数设置为2；第二次添加涡轮平滑，只调整迭代次数为2即可。地板的最终效果如图8.29所示。

战鼓中模卡线制作

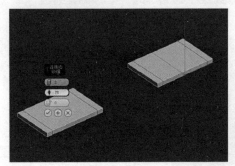
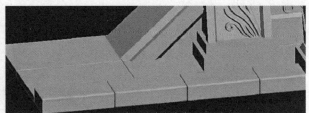

图8.28　应用"连接"卡线　　　　　　　　图8.29　地板的最终效果

步骤2： 斜柱子的卡线方法是在"多边形"模式下，选中全部的面，用"切片平面"工具卡线，如图8.30所示。"涡轮平滑"的参数和上一个模型一样设置即可，效果如图8.31所示。

⚠ **注意：** 卡线之前一定记得分光滑组，设置为"自动平滑"即可。

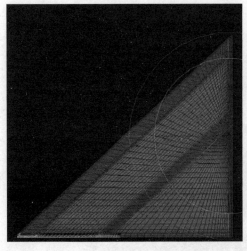
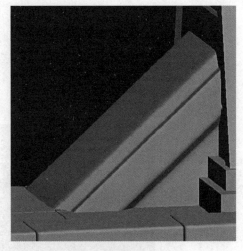

图8.30　"切片平面"工具卡线　　　　　　图8.31　卡线后的效果

步骤3： 其他部分的卡线做法基本相同，即细分"光滑组"→添加"涡轮平滑"两次。最终效果如图8.32所示。

图 8.32 高模的最终效果

3. 制作低模

步骤 1： 选择制作好的中模，将其复制一份，单击"层资源管理器"图标，选中复制的中模，单击"场景资源管理器 – 层资源管理器"后再单击图标以新建一个低模层并隐藏中模图层。

步骤 2： 如图 8.33 所示，删除低模部分的"涡轮平滑"和"对称"修改器以及花纹部分，使模型处于原始的"可编辑多边形"模式下。对结构做修改，用"删除""塌陷""合并""桥接"等工具简化布线。简化布线完成后，将所有现有模型连接为一体即可。

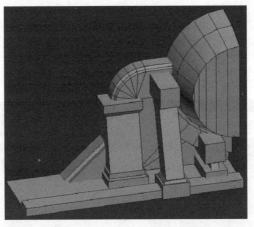

图 8.33 低模简化布线完成

战鼓低模制作

4. 分展 UV 与导出文件

步骤 1： 对战鼓各个部分的 UV 进行分展、摆放。首先设置"编辑 UVW"面板，选中低模模型，在"修改器列表"中添加"UVW 展开"修改器，再打开"编辑 UVW"工具窗，勾选上方"选项"标签中的"始终显示编辑窗口"选项，再选择上方的"将当前设置保存为默认设置"选项。设置完成后赋予模型棋盘格贴图。

步骤 2: 在"编辑 UVW"工具窗中切换至"多边形"模式,选中每一块元素后先单击"平面贴图"图标,将 UV 全部展平。然后选择需要断开的边,执行"断开"命令,并进行"松弛",松弛后得到模型的平面图形。所有物体的 UV 展完之后,统一"松弛"一次,使 UV 的精度一致之后再进行 UV 的摆放,如图 8.34 所示。

⚠ **注意:** 断开时遵循的规则是,光滑组断开的地方 UV 必须断开。

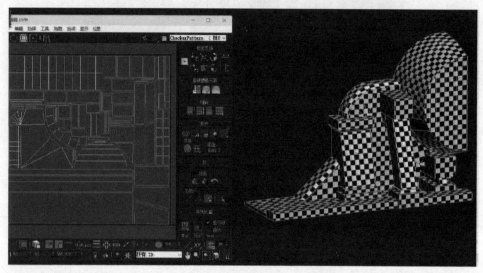

图 8.34 摆放 UV

步骤 3: 高低模匹配调整。打开高模图层,为其添加红色材质,并冻结高模。目的是对比高模和低模间的位置、造型有无问题。随后打开低模,查看包裹高模的状态,如果转角处线条过多,需要将线删除并整理。

⚠ **注意:** 低模包裹高模时,每个部分需要有 50% 左右的包裹,效果如图 8.35 所示。

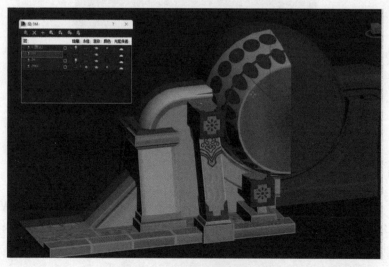

图 8.35 低模包裹高模的效果

步骤4：手动调整顶点，使在有些细节的地方保证低模包裹住高模，使匹配效果更好，如图 8.36 所示。

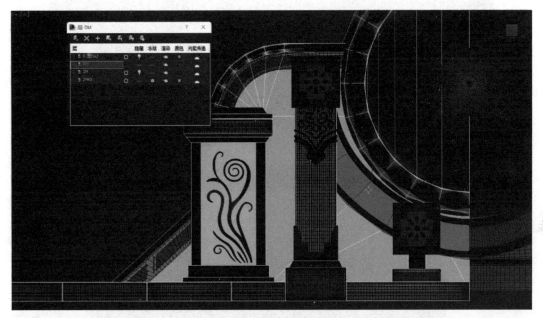

图 8.36 高低模的匹配效果

步骤5：将低模进行前后左右的对称操作，并且将重复的 UV 平移出 UV 框。具体方法是，在"UVW 展开"修改器下，打开"编辑 UVW"窗口，选中模型的四分之三的 UV 部分，在 U 方向移动 1.0 的位置，效果如图 8.37 所示。确定没问题之后进行塌陷。

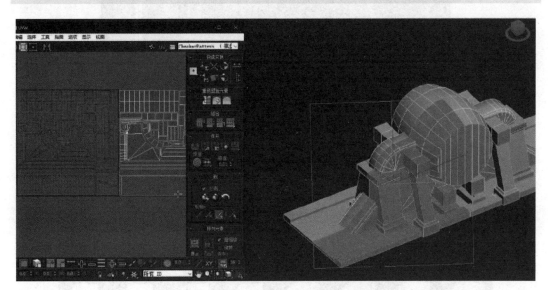

图 8.37 将重复 UV 平移

步骤6：对低模进行分组，如图 8.38 所示。在"分离"对话框中，勾选"以克隆对象分离"，以此类推，一共分成 4 组。

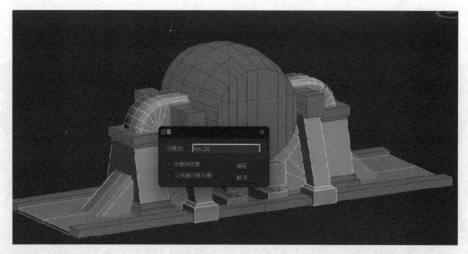

图 8.38　分离为对象

步骤 7： 导出低模，如图 8.39 所示，格式选为 FBX 格式，勾选"平滑组"选项。依次导出 4 个文件。

图 8.39　导出时勾选"平滑组"选项

步骤 8： 导出高模，格式选为 OBJ 格式，同样依次导出 4 个高模文件。

⚠ **注意：** 高低模命名格式必须严格按照如图 8.40 所示去命名。

图 8.40　导出文件命名格式

5. 烘焙贴图

步骤 1： 打开八猴渲染器并调整数值。单击 NewBakeProject 图标新建一个项目，在新建项目的下方有一个子文件夹 Bake Group。单击 "+" 号再新建两个子文件夹，在子文件夹中单击 图标创建组。将低模 4 个模型文件直接拖至 Scene 栏中，再将模型文件拖进对应文件夹下的 Low 组中即可。对高模重复相同操作，再拖至对应的 High 组中。在下方工具栏中选择烘焙导出的位置，单击 Output 工具栏中第一行后面的 图标，选择导出位置后进行保存，如图 8.41 所示。在 Resolution 工具栏中选择贴图像素大小。

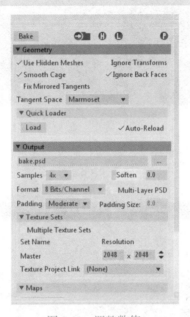

图 8.41 调整数值

烘焙贴图

步骤 2： 取消勾选 Normals 以外的贴图种类，单击 Bake 按钮后，单击右侧的 图标可以显示烘焙后的效果。对烘焙不正确的地方，需要手动调整法线方向，如图 8.42 所示。

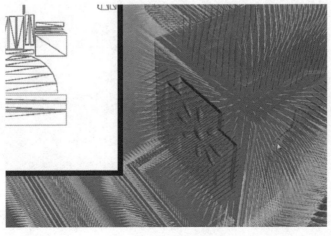

图 8.42 修改法线方向

步骤 3：重复上述步骤调整剩下的低模。调整完成后，在 MESH MAPS 工具栏中勾选其他 5 个种类贴图再进行烘焙，随后在导出的文件夹中查看已导出的 6 张贴图，烘焙完后的效果如图 8.43 所示。

图 8.43 烘焙完后的效果

步骤 4：打开 Substance Painter，在新建文件里选择导出整体的低模文件。分辨率选择 2048，然后添加烘焙出来的 6 张贴图，如图 8.44 所示。

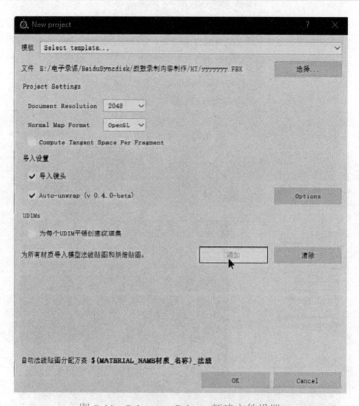

图 8.44 Substance Painter 新建文件设置

步骤 5：打开贴图并将其拖放至"纹理集设置"对话框中相对应的位置，如图 8.45 所示。

图 8.45 将贴图拖放至"纹理集设置"对话框

步骤 6：在 Substance Painter 中按住 Shift + 鼠标右键转动光照以检查模型，会发现 AO 贴图有些问题，如图 8.46 所示。将 UV 图导入 PS 中，按 UV 线框修改花纹底座边的 AO 图，再导入 Substance Painter 中重新加载并替换 AO 贴图即可。图 8.47 所示为正确的烘焙效果。

图 8.46 有问题的 AO 贴图

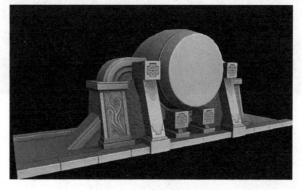

图 8.47 正确的烘焙效果

6. 材质贴图制作

步骤 1： 在 Substance Painter 中，按材质类型在图层面板中创建文件夹，例如石头、金属、木头、皮材质等，如图 8.48 所示。

图 8.48　按材质类型创建文件夹

步骤 2： 制作石头材质。首先设置底色和粗糙度，然后添加填充层并右击添加黑色遮罩，并添加适合表现颗粒感的程序纹理。随后调整颜色和分布的具体参数。除颗粒感以外，还要表现材质的光影效果，如明暗效果、磨损边、高光、脏迹等。效果如图 8.49 所示。

战鼓材质贴图制作

图 8.49　石头材质效果

步骤 3： 制作木头材质。其基本流程和制作石头材质一样，设置底色、颗粒感、光影效果、明暗效果、磨损边、高光、脏迹等，根据原画还原木头效果即可。效果如图 8.50 所示。

步骤 4：制作金属材质。流程如上面描述过程一样。效果如图 8.51 所示。

图 8.50 木头材质效果　　　　　　　　　　图 8.51 金属材质效果

步骤 5：制作鼓皮材质和上面的花纹。效果如图 8.52 所示。

模型最终效果如图 8.53 所示。

图 8.52 鼓皮材质效果　　　　　　　　　图 8.53 贴图模型成品

任务 8.2　游戏角色制作——CG 女孩

【任务描述】

本任务将在读者对 3ds Max 和 Substance Painter 有一定了解与制作经验的基础上，通过学习游戏角色——CG 女孩的建模制作，帮助读者在实际操作中巩固角色的建模方法和制作流程。

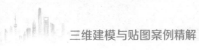

【任务实施】

1. 制作中模

步骤 1： 角色制作比前几个任务更加复杂。制作前要先对角色原画的造型、结构、材质进行分析，建立整体的制作思路后，将其材质种类分类，规划技术要点以应对模型中可能出现的问题。梳理好思路后将原画拖入平面中开始制作，效果如图 8.54 所示。

角色制作分析

图 8.54　角色原画

步骤 2： 如图 8.55 所示制作头部造型，头部模型需要与原画模型形似且神似。单击"创建"下方"几何体"图标中的"圆柱体""长方体"等创建头部基础模型，再运用"挤出""切割""连接"等工具，做出面部结构并对面部布线进行优化。

⚠ 注意：面部模型是角色较为重要的部分，需要精简布线并注意保持头部整体的边缘轮廓造型圆润，没有结构支撑的节点尽量不加线，方便后期调整造型。并且需要按照四边面的形式来整理面部布线，为后续表情、动画留好制作空间和衔接关系。

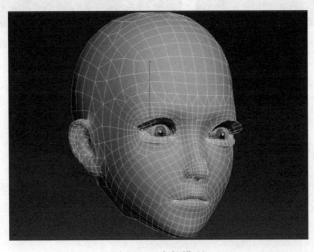

图 8.55　头部模型

步骤 3：制作身体模型。仔细观察原画身体比例以及各部位造型，运用"挤出"工具依次制作身躯、大臂、小臂、大腿、小腿。布线方向需要完全按角色形体结构进行，还要考虑角色添加动作后产生的拉伸问题。同时也需要按照四边面的形式进行布线，布线效果如图 8.56 所示。

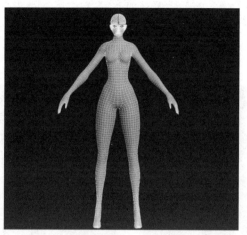

角色头发制作

图 8.56 身体模型

步骤 4：制作头发模型。头发部分的难点是发丝细节的部分，依次单击"创建"→"几何体"图标→"平面"，再对平面模型的长度、宽度分段数值进行修改，将其转化为可编辑多边形后使用"选择并旋转""选择并均匀缩放"工具按原画进行调整。图 8.57 所示的头部两侧发包可用"球形"几何体制作，制作完成后再单击"捕捉开关"图标将球体与原模型进行点的拼合，随后运用"附加""焊接"等工具使其连接在一起。

⚠ **注意：**用"平面"来制作的头发模型，在后期贴图阶段可以用透贴的方式制作发丝部分的细节。

步骤 5：制作上身模型。制作过程中需要仔细调整模型结构的转折、肌肉骨骼的关系，以及布线顺畅和添加动作后的拉伸问题。皮肤裸露在外的部分需多次检查造型、比例，以免出现错漏，上身模型如图 8.58 所示。

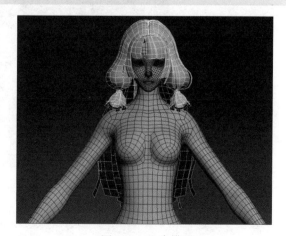

图 8.57 头发模型　　　　　　　　　图 8.58 上身模型

步骤6: 开始制作衣服的基础造型部分。运用"挤出""切割""连接"等工具创建大致模型后，再进行细节上的调整。中模制作完成后赋予其"涡轮平滑"效果，效果如图8.59所示。

步骤7: 如图8.60所示，在完成基础衣服模型制作后，运用"挤出""切割""连接"等工具制作丝绸部分，相对较大的丝绸部分可以快速完善衣服的整体造型，一些细碎的衣服结构可以在完成整体造型后再进行细分。

图8.59　基础衣服模型

图8.60　丝绸模型

步骤8: 衣服部分制作完成后，开始调整布线、生成饰品模型。这时需对衣褶、缝线、衔接关系等进行细究。调整完，开始如图8.61所示制作装饰衣物的道具。在整体制作中要注意模型的对称，可在制作完一边后选中模型，将模型镜像复制后，在"镜像：世界坐标"中的"克隆当前选择"选项卡下方勾选"实例"，以"实例"模型制作对称饰品，这样既可以检查模型位置，也能提升制作效率。

图8.61　饰品及完整衣服模型

角色衣服内衬制作

角色衣服配饰制作

步骤9: 完成细节添加后，仔细检查模型各部分，根据原画进行造型上的调整。

2. 制作高模

按图 8.62 所示，制作前先框选全部模型，按住 Shift + 鼠标左键拖动模型并将角色中模复制一层，在"克隆选项"对话框中勾选"复制"选项。转到复制的模型开始制作高模。为复制的模型添加"涡轮平滑"效果，添加后对有问题处进行调整。随后进行添加连接线卡住需要的结构，卡线阶段需要根据材质特性和造型的大小来决定结构边缘的软硬程度，同时适当地调整造型上的穿插、衔接关系。卡线后的模型是模型的最终完整版，需要注意和原画的造型保持一致。

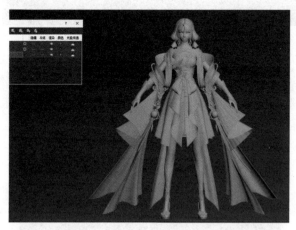

图 8.62　角色高模

3. 制作低模

步骤 1：选择制作好的中模，单击"层资源管理器"图标以将其复制一个，选中复制的中模，单击"场景资源管理器 - 层资源管理器"后单击"+"号新建一个低模层。单击中模层前面的眼睛图标将其隐藏。删除复制模型的"涡轮平滑"效果，使模型处于原始的"可编辑多边形"模式下。再根据中模的卡线造型做出低模的拓扑，本阶段的低模是游戏的最终模型，要注意各个部位细节，并对模型的布线进行优化。如图 8.63 和图 8.64 所示，分别制作背部、腿部和下摆的低模。完成后再次检查确认，制作的低模需要和卡线中模完美贴合。

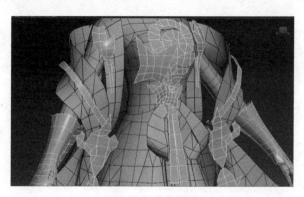

角色低模制作

图 8.63　背部低模

图 8.64　腿部低模

步骤 2： 低模中的细小结构需要完全精简，避免浪费模型面数以及 UV 利用率。提前规划 UV 之间的共用情况可以放大模型精度，低模成品如图 8.65 所示。

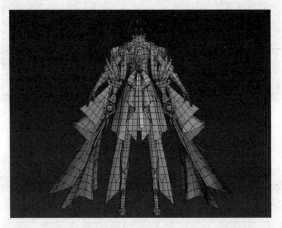

图 8.65　低模成品

步骤 3： 低模制作完成后，需要检查低模和卡线中模的包裹情况，并再次调整低模本身的衔接和穿插。在分展 UV 前，选中所有低模，随后单击"材质编辑器"→"实用程序"→"重置变换"，保证模型在分展 UV 前信息干净。

4. 分展 UV

步骤 1： 对角色各个部分的 UV 进行分展、摆放并烘焙贴图。首先设置面板，选中其中的一个低模模型，在"修改器列表"中单击"UVW 展开"，再按快捷键 Ctrl+E 打开"编辑 UVW"工具窗，先单击"显示对话框中的活动贴图"图标将其关闭，随后勾选上方"选项"标签中的"始终显示编辑窗口"选项，再选择上方的"将当前设置保存为默认设置"选项。设置后，赋予模型棋盘格贴图。随后先从头发开始分展 UV，可以用"二方连续"完成头发部分的 UV。"二方连续"可以让 UV 在两个象限上无限延续，同时模型也就可以无限延续。用这一技法制作头发 UV 的效率很高，头发 UV 如图 8.66 所示。

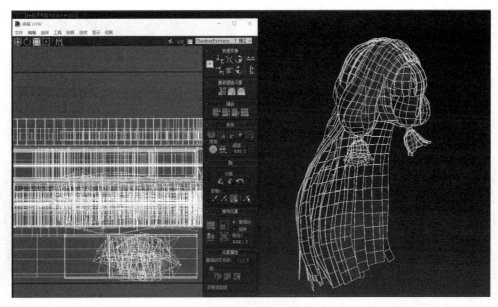

图 8.66 头发 UV

步骤 2：完成头发 UV 分展后，按图 8.67 所示处理面部低模 UV。处理脸部时需要注意 UV 拆分后的接缝、拉伸问题，将 UV 的接缝隐藏在大部分视角看不到的位置。这样，在给模型贴图后，即使有缝隙，也会因为视角、阴影等不再明显。随后将 UV 缩放并摆放至 UV 框中。

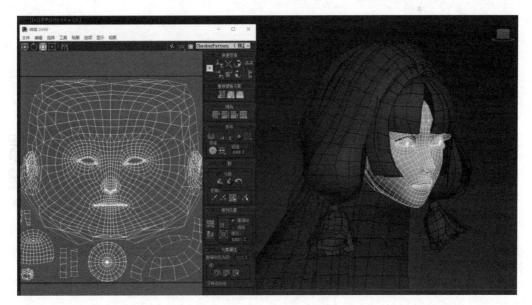

图 8.67 面部 UV

步骤 3：分展衣服 UV。这个阶段需要将所有低模拆分成三部分来分展 UV，这样可以提升 UV 的精度和利用率，合理利用贴图大小。分展完 UV 后需要按图 8.68 所示将需要绘制贴图的 UV 摆放至框里，重叠的 UV 摆放到 UV 框外，随后开始烘焙贴图。

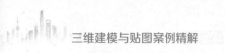
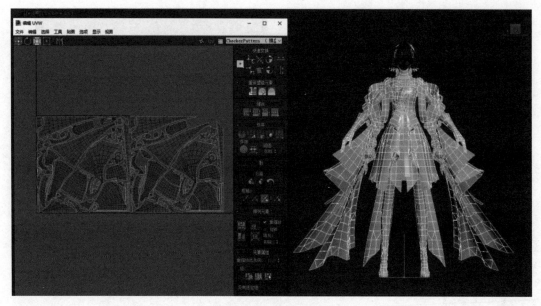

图 8.68　摆放 UV

5. 烘焙法线贴图

步骤 1：将低模拆分完成后，根据分组将低模和中模导出并开始烘焙。

步骤 2：首先烘焙脸部细节，注意对各部分单独分组，随后需要烘焙 ID，烘焙效果如图 8.69 所示。

烘焙基础贴图

图 8.69　烘焙面部效果

步骤 3：脸部烘焙完成后，烘焙图 8.70 所示的服装模型及图 8.71 所示的道具部分。

⚠ 注意：烘焙有花纹的位置时需要修正法线方向。如有问题，可单击 Paint Skew 后，在问题处涂抹即可调整模型的法线方向。

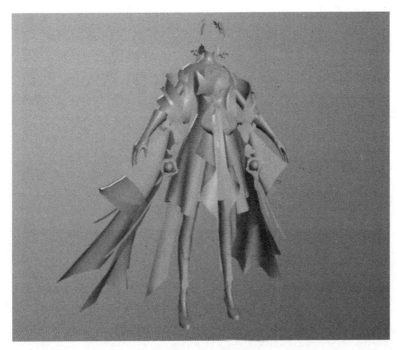

图 8.70　烘焙服装

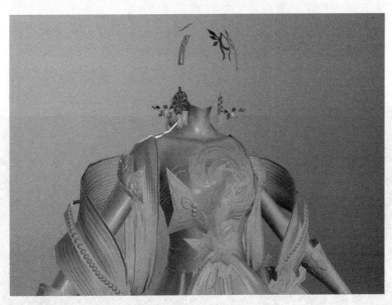

图 8.71　烘焙道具

步骤 4： 部分细节有无法烘焙的情况，这时可以适当地调整模型封套来解决这个问题，对封套显示不正确的地方单独更改。单击组中 Low 显示封套，在左下侧工具栏中对封套进行调整。在 Cage 工具栏中滑动调整 MinOffset 的数值和 MaxOffset 的数值。

⚠ **注意：** 调整时要保证封套能同时包裹住低模和高模。烘焙完成后需要在 Substance Painter 中查看基础贴图的烘焙效果，效果如图 8.72 所示。

角色材质贴图制作

图 8.72　烘焙完成后的效果

6. 绘制贴图材质

步骤1：进入贴图阶段。首先将基础贴图贴到模型上，检查有无明显的接缝和错误，有错误需要及时调整、修正。再检查模型材质ID的分组情况，做好贴图前的准备工作。开始贴图制作前将默认图层删除，然后单击"添加填充图层"图标，同时按材质对模型进行分组，将不同材质更改为不同颜色，方便后续贴图制作，基础贴图效果如图8.73所示。

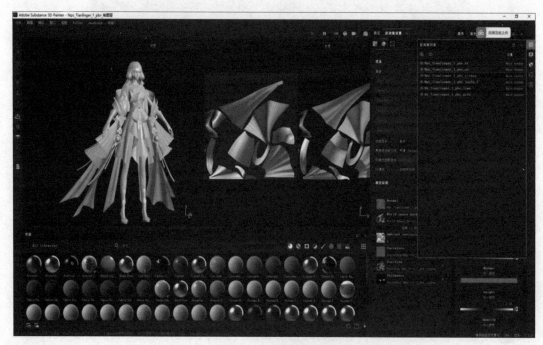

图 8.73　基础贴图效果

　　步骤 2：分组后，如图 8.74 所示，按原画对模型的底色和基础材质进行平铺。先制作角色面部、皮肤、头发的基础效果，并以整体效果为主快速制作底色和基础效果，完成整体后再调整各部位的细节及关系。

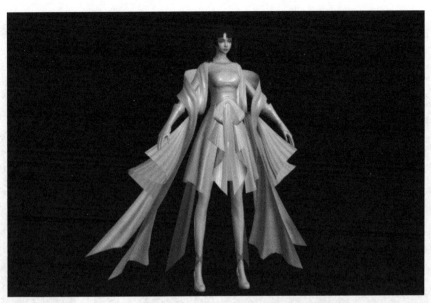

图 8.74　平铺底色贴图

　　步骤 3：为衣服直接赋予带颜色的材质球，以快速制作底色和材质，再根据个人对原画的理解调整局部细节，效果如图 8.75 所示。

图 8.75　平铺衣服底色

步骤4： 衣服制作完成后，如图8.76所示，制作装饰和道具。这一区域的材质和相应的工作量较大，只需按图8.77所示，对视觉中心和较重要的部分进行细化，其余部分稍作调整即可。

图8.76　道具贴图效果

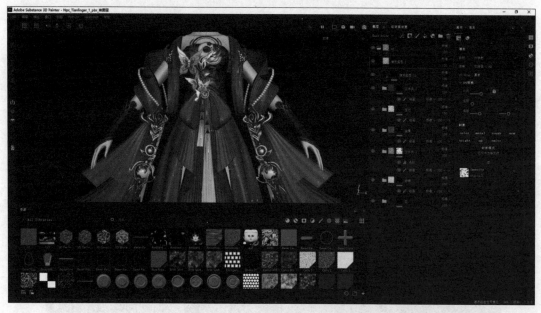

图8.77　衣袖道具贴图

　　步骤 5： 全部制作完成后，对模型的光影关系、颜色变化等进行整体调整，使模型更加精细，可以根据个人理解对一些重要细节做风格化的夸张表现，让模型更加出彩。这时可以按住 Shift + 鼠标左键转动光照以检查模型，观察模型光影的前后关系、强弱关系、顶底关系、颜色变化等并进行调整。最后将需要透明显示的部分在图层的最上方制作完成即可，成品如图 8.78 所示。

图 8.78　成品角色模型

　　步骤 6： 完整的贴图部分制作完成后，在 Substance Painter 中的渲染角色的最终完成版。

参 考 文 献

[1] 来阳 . 3ds Max 2022 从新手到高手 [M].北京：清华大学出版社，2022.

[2] 崔丹丹，白力丹 . 3ds Max 建模课堂实录 [M].北京：清华大学出版社，2021.

[3] 董智慧，张恩年，李瑞森 . 3ds Max 游戏场景设计与制作实例教程 [M].北京：人民邮电出版社，2021.